什么是大气科学？

WHAT IS ATMOSPHERIC SCIENCE?

黄建平　刘玉芝　张国龙　编著

图书在版编目(CIP)数据

什么是大气科学？/ 黄建平，刘玉芝，张国龙编著 . -- 大连 ：大连理工大学出版社，2022.8(2024.5 重印)
ISBN 978-7-5685-3813-8

Ⅰ. ①什… Ⅱ. ①黄… ②刘… ③张… Ⅲ. ①大气科学—普及读物 Ⅳ. ①P4-49

中国版本图书馆 CIP 数据核字(2022)第 070438 号

什么是大气科学？ SHENME SHI DAQI KEXUE ?

策划编辑：苏克治
责任编辑：宋晓红
责任校对：宋　蕾
封面设计：奇景创意

出版发行：大连理工大学出版社
（地址：大连市软件园路 80 号，邮编：116023）
电　　话：0411-84708842(发行)
0411-84708943(邮购)　0411-84701466(传真)
邮　　箱：dutp@dutp.cn
网　　址：https://www.dutp.cn

印　　刷：辽宁新华印务有限公司
幅面尺寸：139mm×210mm
印　　张：7.25
字　　数：121 千字
版　　次：2022 年 8 月第 1 版
印　　次：2024 年 5 月第 3 次印刷
书　　号：ISBN 978-7-5685-3813-8
定　　价：39.80 元

出版者序

高考，一年一季，如期而至，举国关注，牵动万家！这里面有莘莘学子的努力拼搏，万千父母的望子成龙，授业恩师的佳音静候。怎么报考，如何选择大学和专业，是非常重要的事。如愿，学爱结合；或者，带着疑惑，步入大学继续寻找答案。

大学由不同的学科聚合组成，并根据各个学科研究方向的差异，汇聚不同专业的学界英才，具有教书育人、科学研究、服务社会、文化传承等职能。当然，这项探索科学、挑战未知、启迪智慧的事业也期盼无数青年人的加入，吸引着社会各界的关注。

在我国，高中毕业生大都通过高考、双向选择，进入大学的不同专业学习，在校园里开阔眼界，增长知识，提升能力，升华境界。而如何更好地了解大学，认识专业，明晰人生选择，是一个很现实的问题。

为此，我们在社会各界的大力支持下，延请一批由院士领衔、在知名大学工作多年的老师，与我们共同策划、组织编写了"走进大学"丛书。这些老师以科学的角度、专业的眼光、深入浅出的语言，系统化、全景式地阐释和解读了不同学科的学术内涵、专业特点，以及将来的发展方向和社会需求。希望能够以此帮助准备进入大学的同学，让他们满怀信心地再次起航，踏上新的、更高一级的求学之路。同时也为一向关心大学学科建设、关心高教事业发展的读者朋友搭建一个全面涉猎、深入了解的平台。

我们把"走进大学"丛书推荐给大家。

一是即将走进大学，但在专业选择上尚存困惑的高中生朋友。如何选择大学和专业从来都是热门话题，市场上、网络上的各种论述和信息，有些碎片化，有些鸡汤式，难免流于片面，甚至带有功利色彩，真正专业的介绍尚不多见。本丛书的作者来自高校一线，他们给出的专业画像具有权威性，可以更好地为大家服务。

二是已经进入大学学习，但对专业尚未形成系统认知的同学。大学的学习是从基础课开始，逐步转入专业基础课和专业课的。在此过程中，同学对所学专业将逐步加深认识，也可能会伴有一些疑惑甚至苦恼。目前很多大学开设了相关专业的导论课，一般需要一个学期完成，再加上面临的学业规划，例如考研、转专业、辅修某个专业等，都需要对相关专业既有宏观了解又有微观检视。本丛书便于系统地识读专业，有助于针对性更强地规划学习目标。

三是关心大学学科建设、专业发展的读者。他们也许是大学生朋友的亲朋好友，也许是由于某种原因错过心仪大学或者喜爱专业的中老年人。本丛书文风简朴，语言通俗，必将是大家系统了解大学各专业的一个好的选择。

坚持正确的出版导向，多出好的作品，尊重、引导和帮助读者是出版者义不容辞的责任。大连理工大学出版社在做好相关出版服务的基础上，努力拉近高校学者与

读者间的距离，尤其在服务一流大学建设的征程中，我们深刻地认识到，大学出版社一定要组织优秀的作者队伍，用心打造培根铸魂、启智增慧的精品出版物，倾尽心力，服务青年学子，服务社会。

“走进大学”丛书是一次大胆的尝试，也是一个有意义的起点。我们将不断努力，砥砺前行，为美好的明天真挚地付出。希望得到读者朋友的理解和支持。

谢谢大家！

苏克治

2021 年春于大连

前　言

说到大气科学，大家可能有些陌生，但说起天气预报，相信每个人都很熟悉。无论是每天中央电视台《新闻联播》之后准时播报的《天气预报》，还是现在大家随时随地通过手机查询到的实时及未来几天的天气情况，都是我们了解天气变化的渠道。实际上，天气预报只是大气科学的一部分，大气科学还包括更广的研究范畴，关系国计民生和人民福祉，对交通运输、农业生产、生态文明建设等的可持续发展有着重要意义。

大气科学是一门古老而又日新月异的学科，它与物理、化学等以实验室为主要研究场所的自然科学不同，是直接面对大气乃至整个自然界的自然科学。从人类文明产生开始，在人类认识、适应和改造自然的过程中，大气科学逐渐形成并取得长足发展。人类无时无刻不与大气亲密接触，人类最早通过感官接收信息，观察日月星辰的运转、四季冷暖的更替、云雾冰雪的变化以及风雨雷电的变幻等自然现象。由于缺乏对大气运动规律的了解，人们试图通过祈风求雨以及占卜问卦等方式预判或改变未来天气状况。随着时间的推移，人们逐渐积累了大量有关天气现象的辨别和预测经验，这些经验以气象谚语等形式被代代相传，形成了早期有关大气科学的宝贵资料。

进入20世纪，随着理论研究的深入、地面观测系统的建立、卫星遥感技术的发展以及计算机计算能力的提升，大气科学逐渐从定性描述走向定量表征，从研究单一的大气状态变化，发展为研究大气、海洋、冰雪、陆面和生物圈等五大圈层组成的复杂气候系统变化的科学。如今，大气科学发展成为一门分支众多且与地质学、海洋学、生态学等相关学科相互交叉和渗透的综合性学科。

当前，大气科学研究正面临着新的课题与挑战。随着人类活动的增加，人类对气候系统的影响越来越大，“人类世”的概念也由此被提出。受全球气候变化的影响，人类遭受干旱、洪涝、大风、低温等极端灾害天气的风险越来越大。为了应对气候变化带来的风险，在研究大气科学的国家及地区之间，气候谈判也成为一个政治问题，未来大气科学领域将大有发展、大有可为。

本书以一些与大气科学知识有关的、有趣的小故事开始，讲述大气科学的基本原理、研究内容、研究方法等，介绍大气科学的发展历程、气候变化以及碳达峰和碳中和等前沿研究领域，旨在通过深入浅出的介绍让非大气科学领域的读者对大气科学这一学科的相关问题有所了解。正如我国著名气象学家丑纪范院士所说的，大气科学是一门有趣、有学、有为的学科，希望本书能够吸引广大青少年投身到大气科学的学习和研究中去。

最后感谢赵庆云对全文的校正，池旭文对本书部分章节文字的整理，白小娟和赵敏纳对本书插图的绘制。由于编者水平有限，不免有疏漏之处，欢迎各位读者批评指正。

黄建平

中国科学院院士

2022 年 6 月

目　录

多姿多彩的大气

造化钟神秀，阴阳割昏晓。

——杜甫

在宇航员从太空拍的地球照片中，地球被一层薄薄的蓝色大气包裹着。大气层有多厚？这么说吧，若将地球和大气层看作一颗剥掉蛋壳的熟鸡蛋，那么大气层的厚度仅如蛋清外面的那层薄膜一般厚。然而，这层大气的作用却非常大，没有这层大气，就没有风雨雷电，更没有生命，地球也就失去了养育生命的得天独厚的条件。我们无论站在地球上的哪一点，都时时刻刻处在大气的包围之中。日常生活中我们也会看到多姿多彩的大气现象，例如，蓝天白云、绚丽极光、海市蜃楼、七色彩虹、宝光异彩等，那么，这些大气现象是如何形成的，隐藏其后的大气科学规律又有哪些呢？我们一起来看看这些神奇的自然现象吧。

▶▶ 蓝天白云

地球大气由多种气体和悬浮在其中的固体或液体粒子组成。我们常在晴朗天气下看到“蓝天白云”的景象。我们不禁要问,为什么天空是蓝色的?为什么蓝色天空中的云朵是白色的?

在大气科学中,通常把除水汽以外的大气称为干洁大气。按照各成分的含量,干洁大气的成分又可以分为主要成分、微量成分和痕量成分。大气中主要成分包括氮气、氧气、氩气以及二氧化碳等,这些气体成分的浓度在 300 ppmv(体积比,百万分之一)以上;微量成分如甲烷等,浓度为 1～20 ppmv;痕量成分主要包括臭氧、氢气、氮氧化物、硫化物等,其浓度为 1 ppmv[1]。晴朗天气下,天空呈现蓝色,早上和晚上可能会出现红色的朝霞和晚霞。当大量的污染物被排放到大气中时,天空的颜色不再蔚蓝,而是呈现浑浊的黄白色。

天空蔚蓝色的成因经历了不同阶段的解释。早在 19 世纪中叶,英国物理学家丁达尔认为频率较高的蓝色光,容易被悬浮在空气中的微粒阻挡,向四面八方散射。1887 年,德国物理学家瑞利采用分子散射理论试图解释天空是蓝色的这一现象。瑞利假设散射粒子是半径远小于入射光波长、各向同性的球状粒子，其密度大于周围环境空气密度。基于弹性固体以太学，他发现这些散射粒子的散射能力与粒子体积的平方成正比，与入射波长的四次方成反比，也就是说波长越短，频率越高，散射能力越强。1899 年，瑞利再次利用英国物理学家、数学家麦克斯韦的电磁理论，得到了同样的结果。由此，形成了瑞利分子散射理论。基于瑞利分子散射理论，当太阳光通过大气时，频率较高的蓝色光和紫色光最容易被大气分子散射，而频率较低的其他颜色光则被散射得较弱。然而，由于人类眼睛对紫色光的敏感度较低，最终看到的是太阳光中被散射最强的蓝色光，便形成了人们印象中蓝色的天空。1910 年，德国物理学家爱因斯坦利用当时刚刚发展的熵统计热力学理论，也进一步证明了天空呈现蓝色的原理。

云是指漂浮在大气中的水滴凝聚物，由大量小水滴或冰晶组成。云滴的大小远大于大气中的大气分子，云滴对太阳光的散射不同于大气分子。1908 年，德国物理学家古斯塔夫·米最先解出了入射到悬浮着球状粒子的介质的平面光波的麦克斯韦方程组的严格解，形成了米散射理论。图 1 示意瑞利分子散射和米散射。当然，米

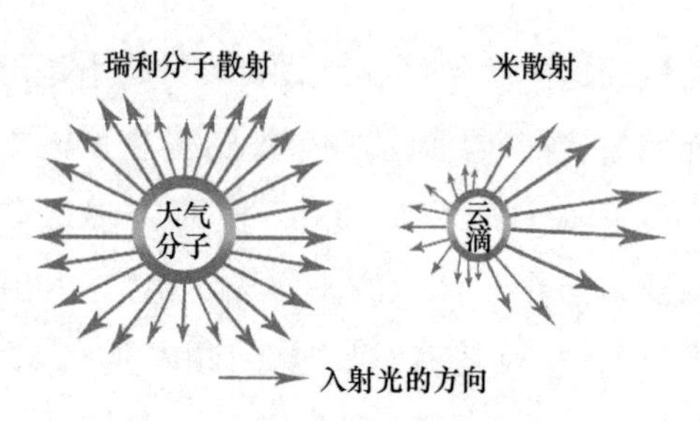

图1　瑞利分子散射和米散射

散射理论讨论的是均匀的球状粒子对电磁波的散射，实际云滴并不是规则的球状，需要通过实验进行测量研究或者发展某些近似计算的理论。基于米散射理论，云滴对太阳光中不同颜色光的散射强度几乎相同，被散射的各种颜色的光重新组合，再次形成白光，故而才形成了我们视觉中的“白云”。当然，自然界中的云形状各异，各种云的厚度相差很大，厚的云可达七八千米，薄的只有几十米；有布满天空的层状云，有孤立高耸的积雨云，也有受地形和在其他条件影响下形成的波状云等，不同形状、厚度的云呈现的颜色也不都是白色的。对于很厚的层状云或者积雨云，太阳和月亮的光线很难透射过去，在背光的一侧观察，云体呈现黑色；稍微薄一点的层状云和波状云，看起来是灰色的，特别是波状云，云块边缘部分，色彩更为灰白；很薄的云，光线容易透过，尤其是由冰晶组成的薄云，在阳光下显得特别明亮，且带有丝状光泽。由于云的组成中有的是冰晶粒子，有的是水滴粒子，有的是两者的混合物，因此当日光或者月光通过时，还会形成各种美丽的光环或彩虹。

按照地球大气的热力结构，在垂直方向上可以划分为对流层、平流层、中间层和热层。一般水汽主要集中在对流层，所以云也主要出现在对流层。但是还有两种比较奇特的云，一种是存在于平流层的贝母云，另一种是存在于中间层的夜光云。由于平流层的水汽含量很少，仅在北欧等地会出现薄而透明的贝母云，这种云由于太阳光的衍射作用，具有像彩虹一样的色彩排列。同样，在水汽含量极少的中间层，在75～90千米的高空会出现薄而带银白色光亮的云，由高层大气中细小水滴或冰晶构成，通常呈波状结构，一般很难观察到，需要借助光学仪器才能看到，所以叫夜光云[1]。

▶▶ 绚丽极光

极光被视为自然界中最漂亮的奇观之一，其形状不一、多种多样、五彩缤纷、绮丽无比，在自然界中还没有哪种现象能与之媲美。对这一现象产生的原因最初众说纷

纭，有人认为它是地球外缘燃烧的大火，有人认为是极圈的冰雪在白天吸收太阳光之后，在夜晚释放出来的一种能量。20 世纪 60 年代，科学家将地面观测的结果与卫星和火箭探测到的资料相结合，认识到极光是地球周围的一种大规模的放电过程。

极光产生的条件有三个："太阳风"、地球磁场以及高层大气，且三者缺一不可。所谓"太阳风"，是指从太阳上层大气射出的超声速等离子体带电粒子流，它是由电子与质子组成，是一束可以覆盖地球的强大的磁化高能粒子流。"太阳风"的强弱决定了极光爆发规模的大小。地球磁场，亦称作"地磁场"，是指地球空间周围分布的磁场，形状类似于漏斗，其磁极与地理极不完全重合，磁北极处于地理南极附近，磁南极处于地理北极附近。当"太阳风"以大约 450 千米每秒的速度撞击地球两极时，受地球磁场的作用，带电粒子沿着地磁场沉降，进入地球的两极地区，因而，极光常见于地球两极的高磁纬地区。高层大气是极光产生的平台，当带电粒子进入极地的高层大气时，与大气中的原子和分子碰撞并激发产生光芒，天文学上将这种在极地形成的光芒称为"极光"，在北极地区形成的叫"北极光"，在南极地区形成的叫"南极光"[2]。

极光的形状主要有带状、弧状、幕状、放射状等，从科学研究的角度，人们将极光按其形态特征分成五种：一是底边整齐、微微弯曲的圆弧状的极光弧；二是有弯曲折皱的飘带状的极光带；三是如云朵一般的片朵状的极光片；四是均匀的帐幔状的极光幔；五是沿磁力线方向的射线状的极光芒[3]。按照国际亮度系数(IBC)，极光的亮度可划分为0～4级，亮度为0级时视觉无法觉察，1级相当于天空银河的亮度，2级相当于月亮照射卷云(白色透光、带有柔丝光泽、由冰晶构成的云)的亮度，3级相当于发光的卷云或月亮照射积云(顶部呈圆弧形、底部呈水平状的垂直向上发展的云)的亮度，4级远亮于3级并可有阴影[3]。

极光的颜色与其成因有关。高能荷电粒子与高层大气中的原子和分子相互作用的时候就产生了极光，与之相互作用的主要是氧原子和氮分子。处于不同能级的氧原子和氮分子发生电子跃迁时所发射的光的颜色不同，激发态的氧原子可以发射波长为5 577埃和6 300埃的绿光辐射和红光辐射；激发态的氮分子发射的是波长为6 500～6 880埃的深红色光辐射；离子态的氮分子发射的是3 914～4 700埃波长的紫光辐射和蓝光辐射。极光的光谱线波长范围为3 100～6 700埃，其中最重要的谱线是5 577埃的氧原子绿线，称为极光绿线，所以极光的颜色一般以绿色为主。

极光不只在地球上出现，太阳系内其他一些具有磁场的行星上也存在极光现象，如木星、土星以及水星等也会出现极光。地球上经常出现极光的地方是在南北地磁纬度67°附近的两个环带状区域内，分别称作“北极光区”和“南极光区”。地磁纬度45°～60°的区域称为“弱极光区”，地磁纬度低于45°的区域称为“微极光区”。北极光区主要以阿拉斯加、北加拿大、西伯利亚、格陵兰岛、冰岛南端与挪威北海岸为主。阿拉斯加的费尔班克斯一年之中超过200天会出现极光现象，也因此被称为“北极光首都”。就我国而言，地理位置越靠北，地磁纬度越高，观测到极光的可能性就越大。漠河地理纬度为52°58′，地磁纬度为47°，是中国地理纬度和地磁纬度最高的地方，也是最容易看到极光的地方，处于弱极光区的南端。除漠河以外，其他地区的地磁纬度都低于45°，均处于微极光区。东北地区、内蒙古大部、新疆北部处于地磁纬度约35°以北，这些地区都有大小不等的观测到极光的概率。早在2000多年前，中国人就开始观测极光并留下了丰富详尽的记录，庄天山提出的《关于中国历史上“极光记录”的选择原则》，引起国外有关天文学家的关注。中国天象有关极光记录（约公元前11世纪至1911年）的有300多条，出现极光共294次。根据现有资料统计，1956—2010

年，我国出现极光共 72 次，其中漠河出现 58 次；出现极光最多的年代为 20 世纪 80 年代，共 28 次；出现极光最多的年份是 1989 年，共 9 次[2]。

▶▶ 海市蜃楼

海市蜃楼，又称“蜃景”，是地球上物体反射的光经大气折射而形成的虚像。在形成原因没有被充分认识之前，海市蜃楼往往被人们神秘化，甚至迷信化，每一次出现都会吸引无数人的目光，获得大家的极大关注，在我国古籍中也保留了很多有关海市蜃楼的记录。实际上，海市蜃楼本质是一种因为光的折射和全反射而形成的自然现象，是在特定的天气状况和气象条件下形成的，与地理位置、地球物理条件有密切联系。

我国山东烟台蓬莱阁、浙江东海普陀山、江苏连云港海州湾、河北北戴河东莲峰山等地均出现过海市蜃楼的景象。在古人诗词和文章中也多有海市蜃楼的描写。苏轼著名的《海市》诗曰：“东方云海空复空，群仙出没空明中。荡摇浮世生万象，岂有贝阙藏珠宫……”记录的就是海市蜃楼的场景。有关海上出现的海市蜃楼的场景，《汉书·天文志》中记载：“海旁蜃气像楼台，初未之信。庚寅

季春，余避寇海滨。一日饭午，家僮走报怪事，曰：‘海中忽涌数山，皆昔未尝有！父老观以为甚异。’余骇而出，会颍川主人走使邀余。既至，相携登聚远楼东望。第见沧溟浩渺中，矗如奇峰，联如叠巘，列如崪岫，隐见不常。移时，城郭、台榭，骤变欻起，如众大之区，数十万家，鱼鳞相比。中有浮图老子之宫，三门嵯峨，钟鼓楼翼其左右，檐牙历历，极公输巧不能过。又移时，或立如人，或散如兽，或列若旌旗之饰，瓮盎之器，诡异万千。曰近晡，冉冉漫灭。向之有者安在？而海自若也!”沙漠中也会发生海市蜃楼的场景，《清稗类钞 · 地理类》中记载：“柴达木北部之大戈壁，东西横亘二三百里，南北亦百数十里……倘或风晴日暖，早晚远望沙中，山冈矗起，结为城郭宫室、楼台殿宇，中有旌旗，有刀剑，有寸马豆人，各相驰骤；瞬息忽更为树木，为骆驼牛马、狮象虎豹……古书称昆仑之山有五城十二楼，即此种云气，谓之漠市。蒙、番见者，诧谓佛国显灵，群焉膜拜而不忍去。”2008 年 8 月，柴达木盆地边缘的戈壁滩再次出现海市蜃楼奇观。

对于海市蜃楼的形成，古人表现出了极大的探索精神，对于其形成原因有四种说法[4]。第一种是蛟蜃吐气说，古人最早认为海市蜃楼是蛟、蜃之类吐气而成的。蛟是海中的龙类；蜃，是指海中之蚌蛤。“海市蜃楼”这一神秘的称呼就是根据蛟蜃吐气说而命名的。第二种是风气凝结说，古人认为海市蜃楼是自然的风和海上的气凝结而成的，这一说法向科学的边缘迈进了一步。第三种是沉物再现说，有人根据沧海桑田的理论，认为海市蜃楼是旧时风物的再现，这一说法否定了神的存在，但是距离解释其形成原因仍相差甚远。第四种是光气映射说，明朝陆容首次提出海市蜃楼是大气与日光相映射而产生的，其在《菽园杂记》中记载："登莱海市，谓之神物幻化，岂亦山川灵淑之气致然邪？观此，则所谓楼台，所谓海市，大抵皆山川之气，掩映日光而成，固非蜃气，亦非神物。"这是最接近现代海市蜃楼形成原理的科学观点。

随着各学科的发展，现代科学已经能够完全解释海市蜃楼的形成原因了。当光在同一密度的介质中传播的时候，速度不变，沿直线传播。但当光从一种介质向另一种密度不同的介质倾斜传播时，它的速度会发生改变，光行进的方向也会产生弯曲，这种现象就是"折射"。在发生折射的光线中，如不发生折射而全部反射到该介质中，就叫"全反射"。由于空气本身并不是均匀的介质，密度随着高度的增加而递减，当光穿过空气的时候总会引起一些折射，这种折射现象在日常生活中并不会引起什么异样。但是当温度在垂直方向的分布出现反常时，则会

引起空气密度垂直分布反常,发生与通常情况不一致的折射和全反射,最终导致海市蜃楼现象的出现。图2为海市蜃楼形成示意图。因此,气温的反常分布是大多数海市蜃楼形成的必要气象条件。

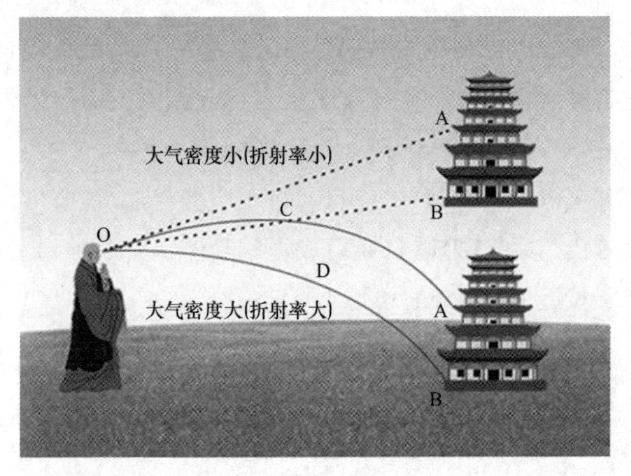

图2　海市蜃楼形成示意图

夏季的沙漠晴空万里,沙漠表面的沙石被太阳晒得灼热,温度上升极快,灼热沙石的热量通过分子传导向其上的空气中输送,使得贴近沙石附近的近地层空气温度上升得很高,加之无风条件下,由于空气分子的导热性差,沙石的热量只传递给了贴近地面的下层空气,而上层空气温度仍然较低,这样就形成了气温的反常分布。按照热胀冷缩的原理，接近沙石的下层热空气密度小，而上层冷空气密度大，使得空气折射率在下层小而上层大。当远处较高物体反射出来的光，从上层密度较大的空气进入下层密度较小的空气时被不断折射，其入射角逐渐增大，增大到等于临界角时发生全反射，再经过光的折射，便将远处的沙漠景象呈现于人们眼前了。

此外，水汽含量也是影响不同高度空气层折射率的一个重要因素，海上海市蜃楼景象的出现与气温、相对湿度突变存在一定关系。靠近海面的空气由于海水温度较低，且水汽含量较高，折射率较大，而上方的空气因受日照影响温度较高，水汽含量较低，折射率较小。海面上空气层的折射率是由下而上随高度增加而逐渐减小，光线穿过折射率大的空气层时，在晴朗、无风或微风的气象条件下，则容易形成全反射，从而产生海市蜃楼的奇观。

▶▶ 七色彩虹

彩虹是人们时常看到的一种自然现象，又称天弓、天虹、绛等，简称虹，是大气中的一种光学现象。因其五彩缤纷、鲜艳夺目，引人入胜，至今流传着许多与彩虹有关的动人诗篇，例如，“赤橙黄绿青蓝紫，谁持彩练当空舞”

“千丈虹桥望入微，天光云影共楼飞”“两水夹明镜，双桥落彩虹”等。彩虹的形成本是一种简单的物理现象，但当人们对自然现象不了解的时候，总会幻想并产生很多说法。例如，孩子惊喜地发现彩虹，好奇地用手去指，妈妈可能会告诉他不能指，指了彩虹手指会变肿；有些妈妈会给孩子讲述彩虹是王母娘娘在晒彩带之类的神话。一说到彩虹，人们通常会将其与“雨后”相联系，这主要是彩虹多出现在雨后天刚转晴时，这时空气中尘埃少而充满小水滴，天空的一边因为仍有雨云而较暗，这样彩虹便比较容易被看到。此外，我们有时会发现在喷泉或者瀑布的周围也会出现彩虹；在晴朗的天气，背对阳光在空中洒水或喷洒水雾，亦可见人工彩虹。

太阳光是由红、橙、黄、绿、蓝、靛、紫七种颜色构成的复色光。当一束太阳光照射到一个三棱镜上时，光线通过三棱镜便会发生折射。由于不同波长的光折射率有大有小，经过三棱镜的作用，就将太阳光分解为单色光，因此在三棱镜后面可以看到一条彩色的光谱。其实彩虹的形成和这个原理一样，当太阳光射入小水滴，即从空气这种媒质进入水这种媒质，发生一次折射。构成白光的各种单色光的折射率不同，紫光波长最短，其折射率最大，红光波长最长，其折射率最小，其余各色光则介于二者之间。光线在小水滴内产生分光现象，各色光同时在小水滴内继续传播，遇到水滴的另一界面时便被反射回来，重新经过小水滴内部，出来时再一次发生折射回到空气中。这样，阳光在小水滴中进行了两次折射和一次全反射就被分解成红、橙、黄、绿、蓝、靛、紫七种单色光。当空气中的小水滴数量很多时，阳光通过这些小水滴，经过反射和折射作用，射出来的光集中在一起，就在天空形成拱形的七彩光谱，也就是我们所见到的彩虹。

由于光在水滴内被反射，所以观察者看见的光谱是倒过来的，即红光在最上方，其他颜色在下。空气里小水滴的大小决定了彩虹的色彩与宽度。水滴越大，彩虹越窄，色彩越鲜明；水滴越小，彩虹越宽，色彩越黯淡。阳光射入水滴时会同时以不同角度入射，在水滴内亦以不同的角度反射，其中以 40°～42°的反射最为强烈。红光的最小偏向角为 137°42′，紫光的最小偏向角为 139°24′，假如日光和水平面平行照射，那么我们看到彩虹红光部分的视角应为 42°(180°－138°＝42°)。太阳升得越高，我们能看到的彩虹的弧长就越短。图 3 为彩虹形成示意图。

图 3　彩虹形成示意图

有时还会在彩虹的外围出现一条直径稍大、颜色反转的副虹，又叫“霓”，视角大约 51°。双彩虹是在水滴内进行两次反射后形成的特殊现象。阳光在水滴中经过一次反射后形成主虹，主虹外侧为红色，内侧为蓝色，颜色较亮。光线折射后发生二次反射形成副虹，副虹外侧为蓝色，内侧为红色，颜色较暗，形似发箍。由于副虹的光线强度低，很多时候无法被肉眼察觉，所以双彩虹十分罕见。要观察到双彩虹还需要把握一定的时机。从季节来看，一般彩虹多出现于夏天，因为春、秋、冬季气温相对较低，空气中不易存在形成散射的小水滴，且阵雨天气出现频率低，所以一般不会有彩虹出现。此外，彩虹的清晰度亦是影响观察到双彩虹的一个重要因素。雨大而风微的天气更有助于空气中小水滴的存在，更可能出现双彩虹。

几千年来，我国劳动人民在长期的生活和生产实践中，积累并流传了许多与彩虹有关的谚语，这些谚语反映了天气变化的客观规律，并已成为人们推测未来天气变化的依据之一。例如，“东虹日头，西虹雨”就是根据彩虹出现的方位来推测天气变化情况。众所周知，在我国中纬度地区，天气系统运动的规律一般是自西向东运动。彩虹在西方，表明西边大气中有大量雨滴存在，随着天气系统东移，本地将会有雨。西虹多出现在早晨。彩虹在东方，表明东边大气中有雨滴存在，天气系统已经东移，本地天气即将转晴。东虹多出现在傍晚。又如晚虹日头，早虹雨；虹高日头低，早晚披蓑衣；虹高日头低，大水没过溪；断虹见，风随见；断虹早见，风雨即见；虹吃云下一指，云吃虹下一丈。这些都是跟彩虹相关的天气谚语[5]。

2017 年 11 月 30 日，台湾“中国文化大学”大气科学系的人员在中国台北阳明山上空连续观测到一道彩虹，它持续了 8 小时 58 分钟，这项天文奇景经吉尼斯世界纪录认证，打破了 1994 年 3 月 14 日在英格兰约克郡韦瑟比出现的持续 6 小时彩虹纪录。

▶▶ 宝光异彩

峨眉山金顶（华藏寺）有四大自然景观：日出、云海、宝光和圣灯。其中以峨眉宝光最为出名，主要出现在峨眉山第二高峰，海拔为 3 075 米的金顶正殿后的光明岩。因其幻妙奇绝，神秘莫测，引起了人们的极大关注。我国文献中最早记录峨眉宝光的描述是在东汉初年，康熙年间蒋虎臣撰写的《峨眉山志》中记载："六月一日，有蒲公者，采药于云窝，见一鹿欹迹如莲花，异之，追之绝顶无踪，乃见威光焕赫，紫光腾涌，联络交辉成光明网。骇然叹曰'此瑞稀有，非天上耶！'"描述最为详细的是宋代诗人范成大的《峨眉山行纪》，书中记载："人云佛现悉以午……云头现大圆光，杂色之晕数重，倚立相对，中有水墨，影若仙圣跨象者。一碗茶顷，光没，而其傍复现一光如前，有顷，亦没。云中复有金光两道，横射岩腹，人亦谓之'小现'……僧云：'洗岩雨也，佛将大现。'兜罗绵云复布岩下，纷郁而上，将至岩数丈辄止。云平如玉地，时雨点有余飞。俯视岩腹，有大圆光偃卧平云之上，外晕三重，每重有青黄红绿之色。光之正中，虚明凝湛，观者各自见其形现于虚明之处，毫厘无隐，一如对镜，举手动足，影皆随形，而不见傍人。僧云：'摄身光也。'此光既没，前山风起云驰。风云之间，复出大圆相光，横亘数山，尽诸异色，合集成采，峰峦草木，皆鲜妍绚，不可正视。云雾既散，而此光独明，人谓之‘清现’。凡佛光欲现，必先布云，所谓兜罗绵世界。光相依云而去，其不依云，则谓之‘清现’，极难得。食顷，光渐移，过山而西。左顾雷洞山上，复出一光，如前而差小。须臾亦飞过山外，至平野间转徙，得得与岩正相值，色状俱变，遂为金桥，大略如吴江垂虹，而两圯各有紫云捧之，凡自午至未云物净尽，谓之‘收岩’。独金桥现至酉后始没……”这段文字记载，生动形象地描绘了宝光出现前后云霞、山峦的变幻多姿，令人有身临其境之感。

受佛教思想的影响，许多人认为只在有佛教寺庙的山上才会看到宝光。其实宝光与佛教毫不相关，宝光是自然界中的一种大气光学现象，在云雾以及光照条件合适的情况下均可以看到。我国庐山的大小天池和含鄱岭以及南京北极阁也有这种现象发生。清代学者舒白香在《游山日记》中曾有这样的记述：“我在云上悬崖、古松翼我如盖，朝暾则反浴天池之中，幻成灵境、奇观矣！”乌克兰克里木的艾特特里山以及瑞士的北鲁根山也出现过这样的景观。在德国的布罗肯山，该现象被称为“布罗肯幻象”或“布罗肯幽灵”。其实，被人们涂上神秘色彩的宝

光，是光在空间传播时产生衍射的结果。所谓“衍射”，是指光线穿过大小相当于光波波长的小孔时发生的偏离直径的现象。在实验室里，让一道白光通过小孔，常会在小孔对面的屏幕上出现一个彩色的光环，红色在外，紫色在内。这种光学现象，就是光的衍射。当山间出现范围大且稳定的山雾时，人站在山崖上，太阳高度角相对较低，若太阳、人和云雾恰好在一条线上，人在中间，背向太阳，阳光经过云雾小水滴的衍射作用，顷刻间就会产生一圈又一圈的彩色光环，而人影恰在其中，一举一动惟妙惟肖，栩栩如生。

对于宝光的形成，学者们提出了四种方式[6]。第一种方式是反射日光，使光源变为来自太阳相对的一方，然后再通过衍射作用形成宝光，这种方式称为“先反射后衍射”的宝光形成方式。第二种方式是云雾堤中云雾滴将日光衍射到空中，观察者面向前面的云雾堤，日、月光从背后射来，假设能见到日、月光的人位于比云雾堤更前的地方，其人目注视着日、月方向，这种方式称为“先衍射后反射”的宝光形成方式。自发展出瑞利分子散射及米散射等理论并发现后向散射的存在后，人们认为后向散射可以更自然地代替反射作用来解释宝光的形成。因而形成了第三种“先米氏后向散射后衍射”方式和第四种“先范氏后向散射后衍射”的宝光形成方式。我国大气物理学家王鹏飞分析认为，这四种方式综合起来即可较为完整地解释宝光的形成。对于其中的物理机制，大家可在进入大学之后进一步发掘和学习。

变幻莫测的天气

朝晖夕阴，气象万千。

——范仲淹

在日常生活中，大家可以看到各种天气现象，例如，夏日的电闪雷鸣、冬天的强风暴雪、春秋两季常见的沙尘暴等。这些天气变幻莫测，其背后有没有什么规律可循呢？又会对人们的生产、生活产生什么样的影响呢？

▶▶ 电闪雷鸣

在炎炎夏日，经常会遇到电闪雷鸣的天气，这是伴有闪电和雷鸣的一种放电现象。闪电是发生在正电荷和负电荷中心之间的长距离的强放电过程，包括云内闪电、云空闪电、云际闪电和云地闪电等。通常将云地闪电简称为“地闪”，而没有到达地面的闪电统称为“云闪”，云闪占全部闪电的三分之二以上[1]。一道闪电的长度可能只有数百米（最短为 100 米），但最长可达数千米。闪电的温度，从 17 000 摄氏度至 28 000 摄氏度不等，相当于太阳表面温度的 3～5 倍。

在无法认识闪电本质、解释其成因的时候，无论中外，人们将闪电和鬼神联系起来，认为闪电是对人类的惩罚。直到 1706 年，曾任英国伦敦皇家学会馆长的弗朗西斯·豪克斯比利用玻璃棒摩擦起电，发现静电放电产生的闪光与自然界中的闪电相似，人们才将实验室中的电和自然界中的闪电联系起来。美国科学家本杰明·富兰克林在实验室内进行了一系列电学实验，论证了实验室内静电放电现象与天空中闪电的种种类似性，以科学的理性思维探索了雷电的本质。1752 年，富兰克林将一只拴有金属钥匙的风筝放飞到雷暴之中，钥匙上火花四溅，解决了对雷电的定性认识问题。此后，对闪电的认识逐渐深入。1904 年，德国气象学家林克·弗朗茨首先用气球携带英国物理学家开尔文爵士发明的滴水器对高空大气电场进行了探测。1926 年，英国物理学家博伊斯·查尔斯·弗农设计出可以精确显示闪电特征的

照相机。1934 年，南非科学家斯霍克兰·巴兹尔·斐迪南·贾米森与其同事在南非拍到一批闪电照片，充分显示出了闪电的结构特征。随着近代无线电遥感技术的飞速发展以及飞机的改进，人类对雷云的起电机制及其具有的电结构，闪电形成和发展的物理过程等的认识有了极大的提高。

闪电的类型多种多样，包括线状闪电、带状闪电、球状闪电、联珠状闪电。线状闪电是最常见的，它像地图上的一条分支很多的河流，又像悬挂在天空中的一棵蜿蜒曲折、枝杈纵横的大树。目前，可以用连续高速的照相机完整地记录线状闪电的全过程，并能在实验室成功地进行模拟实验。球状闪电，民间常称为"滚地雷"，特指雷暴中发生的一种运动着的发光球，常呈红、橘黄、亮白、蓝甚至绿色。它在半空中漂浮，也可能向地面降落，甚至沿窗户和烟囱等缝隙钻入室内，或爆炸发出巨响，或悄然消失。目前对其成因还没有比较公认的解释。球状闪电也因为其特色，在文学作品中多有出现，甚至直接作为书名，例如莫言的中篇小说《球状闪电》和刘欣慈的长篇科幻小说《球状闪电》。图 4 为常见的带状闪电和线状闪电。

图 4　常见的带状闪电和线状闪电

闪电可致人伤亡。当闪电击中人体，电流通过心肌时，心脏不再做有规律的收缩，而是出现“纤维性颤动”，此时血液停止循环，很快导致死亡。此外，闪电还会让人呼吸停止，当电流通过胸部的时候，肌肉收缩，呼吸作用受阻，若不及时抢救也会有生命危险。闪电还会引起油库火灾和森林火灾；造成供电及通信系统故障或损坏；对航天、航空、矿山及一些重要而敏感的高技术装备具有重大威胁。当闪电直击建筑物时，由于高温而引起建筑物燃烧。在电流通道上，物体中的水分受热汽化膨胀，产生强大的机械力而使建筑物结构遭受破坏。由于闪电的发生具有突发性、瞬时性以及三维性等特点，对其研究和防

范均具有一定困难。目前人们采用诸如避雷针、避雷线以及避雷器等措施，但是这些措施仅适用于固定地点且范围较小的防护。在人工降雨、积雨云起电机制和雷电形成机制等领域的研究工作基础上，科学家积极开展了人工影响闪电的实验。

人工影响闪电主要包括两种：一是抑制积雨云的起电过程，以减少闪电次数；二是人工触发闪电，使闪电发生在特定的时间和有限空间内，为研究雷电过程和防雷方法提供条件[1]。抑制积雨云起电的方法是在云内撒播冰云凝结核。实验室研究和云内观测表明，云内起电与过冷水滴、冰晶及聚合的冰晶簇同时存在有很大联系，而且需要过冷水滴和冰晶的浓度较大，才能使粒子带电，产生较强的空间电场，含有大量冰晶的空气比含有大量水滴的空气更容易在较低的电场下被击穿。如果在云内撒播大量冰云凝结核，使云大量地冰晶化，可大大减少过冷水滴的含量，那么将降低三种粒子共存产生的起电效应，使云中的击穿电位降低，传导电流增加，从而使云内电荷难以积聚达到产生云—地闪电的条件。除此之外，还可通过撒播细金属丝或镀金属的尼龙丝来提高云内电导率。在人工触发闪电方面，可采用高速运动物体诱发云内闪电，破坏积雨云的起电机制。其传统方式是向雷暴云发射拖带接地细金属丝火箭，在雷暴云和大地之间建立放电通道。20世纪90年代以来，又进一步发展完善了“空中触发”技术，即火箭拖带细金属丝的下端不直接接地，而是通过一段数十至数百米的绝缘尼龙线再和地面连接，其引发的雷电性质接近于自然下行雷电，更适合用于研究它与地面目标物相互作用的机理和过程。

▶▶ 雪满长空

暴风雪，通常表现为长时间大量降雪，并伴有持续大风、低能见度、气温骤降等。冬天，当云中的温度变得很低时，云中的小水滴便发生冻结。当这些冻结的小水滴与其他小水滴发生碰撞时，就变成了雪，并继续与其他小水滴或雪相撞。当雪量太大时，就会往下掉落，风速达到56千米每小时，温度降到－5摄氏度以下，便形成了暴风雪。

在我国新疆、内蒙古、东北等地，暴风雪多发，但是各地对暴风雪天气的定义及划分依据都有不同标准。例如，内蒙古自治区将降雪量超过10毫米、风力7～8级，降温幅度超过10摄氏度的天气定义为暴风雪天气[7]。美国定义暴风雪的关键指标是雪量大，风速超过56千米

每小时(7级)，能见度低于0.4千米。我国在2017年9月7日发布、2018年4月1日实施了《暴风雪天气等级》(GB/T 34298—2017)，该标准将暴风雪天气等级划分为轻度暴风雪天气、中度暴风雪天气、强暴风雪天气以及特强暴风雪天气，并且给出了可能造成的影响。轻度暴风雪发生时，可能会造成交通阻塞、事故频发，影响人们正常活动；中度暴风雪发生时，会导致交通运输受阻，影响电力和通信线路的正常运行，严重影响人们正常活动；强暴风雪发生时，公路、铁路、民航运输中断，严重影响电力和通信线路的正常运行，易引起人员失踪或伤亡，房屋倒塌，树木折枝；特强暴风雪发生时，公路、铁路、民航运输中断，电力和通信线路中断，极易引起人员失踪或伤亡，房屋倒塌，树木折枝或倒地等[8]。

暴风雪会给国民经济和人民生命财产安全带来巨大的损失。2007年3月3—5日，辽宁省出现了自1951年有完整气象记录以来最严重的暴风雪和寒潮天气，据气象部门不完全统计，受暴风雪影响，辽宁全省总经济损失达145.9亿元[9]。世界上有很多国家频繁受到暴风雪的影响，各国应对暴风雪的方式也各具特色。加拿大是世界上高纬度的国家之一，其90%以上国土处于北纬50°～80°，特别是近20%国土在北极圈内，被称为“冰雪之国”，也因此经常遭受暴风雪的袭击。为了应对暴风雪，加拿大政府制定了详细的预案。当降雪开始时，为了防止积雪的堆积和冻结，各城市清雪部门的撒盐车便在高速路和主干道上撒盐；当积雪厚度达到 5 厘米时，为了保障交通运输的安全和顺畅，交通部门会安排铲雪车在高速路和主干道上清雪；当积雪厚度达到 5～8 厘米时，各城市清雪部门就将清雪范围扩大至高速路辅路、公交路线等。另外，俄罗斯也是经常遭受暴风雪袭击的国家，其国土横跨寒带、亚寒带和温带等多个气候带，绝大部分地区冬季寒冷漫长，常年被冰雪覆盖。为了应对暴风雪，俄罗斯在不断创新和发展铲车作业、撒融雪剂等传统除雪方式的同时，还探索借助科技力量进行“人工驱雪”。其实质就是人工影响天气，通过飞机向云中大量喷洒干冰、液态氮和碘化银等化学物质，改变降雪发生的时间、地点和强度，以减轻大雪对城市基础设施造成的巨大压力和给居民生活带来的不便，也为政府节省大量的扫雪开支[10]。在我国，当暴风雪发生时，气象部门会充分利用多种手段，进一步加强暴风雪天气中短期预报、警报和预警信号发布工作，通过电话、手机短信、电子邮件等方式，及时为党政部门提供最新气象预报预警信息、影响评估和对策建议；电视、广播等主流媒体也会充分利用现有各种渠道向公众发布各类预警信息，做好防范应对措施的宣传工作；交通部门也将临时关闭高速公路，动用大型除雪设备，清除道路上的积雪。

▶▶ 黄沙漫天

2021年3月14—15日，受冷空气影响，新疆南疆盆地西部、甘肃中西部、内蒙古及山西北部、河北北部、北京、天津等地陆续出现扬沙或浮尘天气，部分地区出现沙尘暴。这是近10年中国遭遇强度最大的一次沙尘天气过程，沙尘暴波及范围也是近10年来最广的，引起大家的广泛关注。那么，什么是沙尘暴？沙尘暴是如何形成的？

沙尘暴是干旱和半干旱地区常见的灾害性天气，主要指强风将地面大量沙尘卷入空中，导致空气混浊，能见度小于1千米的天气现象。强风将裸露干燥土壤中的大量沙尘卷入大气，并将其输送到数百至数千千米以外，对流层（低纬度地区距离地面17～18千米，中纬度为10～12千米，极地平均为8～9千米）中大约40%的气溶胶（悬浮在大气中的固态或液态粒子）是风蚀造成的沙尘粒子。这些沙尘的主要来源是北非干旱地区、阿拉伯半岛、中亚和中国。我国西部地区海拔较高，其多数区域处于干旱半干旱地区，植被稀疏，土壤贫瘠，是沙尘暴天气多发地区之一。其中，塔克拉玛干沙漠、腾格里沙漠、毛乌素沙漠是沙尘暴天气的主要发源地。图 5 示意了一次沙尘暴过程中的沙尘墙。

图 5　一次沙尘暴过程中的沙尘墙

沙尘暴天气形成的主要条件有三个：第一，地面干燥，土质疏松，沙尘物质较多，这是沙尘暴天气形成的物质基础；第二，大风是沙尘暴天气形成的动力基础，风力、风速决定沙尘粒子的输送距离；第三，不稳定的大气状态，这是沙尘暴天气形成的热力条件。从沙尘暴天气发生频次的季节分布来看，我国不同地区沙尘暴的分布特

点也不尽相同。总的来说，春季发生次数最多，这主要是由于春季降水较少，地表干燥，土质松散，地面抗风蚀能力弱，当大风刮过时，地表沙尘很容易被卷入空中，形成沙尘暴。我国西北地区是沙尘天气频发的地区，几乎全年都有发生，且春、夏之交较为频繁，4 月居多，东部地区则是四五月居多。

沙尘是气溶胶的重要类型之一，伴随着沙尘天气，沙尘气溶胶对区域和全球天气气候都会产生重要影响。一方面，沙尘天气导致局地大气中颗粒物浓度显著增加，造成空气质量严重下降。另一方面，沙尘气溶胶能够散射和吸收太阳辐射，对地—气系统能量平衡产生影响。同时，沙尘气溶胶还可作为凝结核或冰核，影响云的生成、演化和消散过程，改变云粒子半径、微物理结构和光学特性，进而降低降水效率，改变云的生命期，这是沙尘气溶胶的间接效应。此外，部分可以吸收太阳辐射的吸收性气溶胶，通过加热大气可使云滴蒸发、降水减少，称之为沙尘气溶胶的半直接效应。沙尘气溶胶除了对局地天气气候产生影响外，还可被环流系统远距离输送。沙尘沉降后，还可成为大陆和海洋生态系统的微量营养物来源。撒哈拉沙漠的沙尘可使亚马孙雨林变得肥沃；在缺乏铁和磷元素的海域中，含铁和磷的沙尘传输有利于海洋生物数量的增加。然而，沙尘气溶胶对人体健康的危害却很大。我们将直径大于10微米的颗粒称为“不可吸入颗粒物”，这些颗粒物容易被我们的鼻毛拦截，无法进入肺部和其他器官，一般仅损害外部器官，造成皮肤和眼睛刺激、引发结膜炎等。但直径小于10微米的可吸入颗粒物通常会附着于鼻腔、口腔和上呼吸道中，容易引起上呼吸道感染，使鼻炎、慢性咽炎、慢性支气管炎、支气管哮喘、肺气肿、尘肺等呼吸系统疾病恶化。更细小的颗粒物还可渗入下呼吸道，损害肺部呼吸氧气的能力，使肺泡中巨噬细胞的吞噬功能和生存能力下降，并进入血液，影响所有内部脏器，从而造成心血管疾病。

兰州大学黄建平团队长期致力于沙尘气溶胶的观测，对沙尘气溶胶影响半干旱气候变化机理进行研究，研究成果获得国家自然科学二等奖，其建立的“一带一路”激光雷达网和天气预报预警网可以为中亚地区的沙尘暴监测提供支撑。该观测网的建设，不仅旨在研发覆盖“一带一路”沿线国家和地区的高精度、高分辨率的气象灾害预报预警系统，监测沙尘远距离传输和雾霾等大气复合污染物局地扩散规律，服务铁路和物流运输等社会经济发展领域，更将会在全球气候变化研究、校正我国星载激光雷达等领域发挥积极作用。观测网东起我国兰州，西

至阿尔及利亚，共 14 个站点，跨越直线距离 8 000 多千米，可获得全球干旱半干旱地区的大气监测整体数据。同时每个雷达站根据观测需求，分别设置了单波段、多波段、有无荧光等不同功能组合的激光雷达。此外还配有多通道微波辐射仪、太阳－天空－月亮光度计和颗粒物在线监测仪等其他气象观测仪器，综合利用分辨率成像光谱仪（MODIS）、云－气溶胶激光雷达与红外探路者卫星观测（CALIPSO）等卫星遥感观测，为气象灾害业务预报与全球气候变化研究等提供强有力的支撑。

▶▶ 超强台风

台风，是热带气旋的一个类别。按世界气象组织定义：热带气旋中心持续风速在 12～13 级（32.7～41.4 米每秒）称为台风（Typhoon）或飓风（Hurricane）。台风通常在热带地区，离赤道平均 3～5 个纬度外的海面（如南北太平洋、北大西洋、印度洋）上形成。台风的移动主要受大尺度天气系统等影响，最终在海上消散，或者变性为温带气旋，或在登陆后消散。台风形成的必要条件是海面水温在 26.5 摄氏度以上，有一定的正涡度初始扰动，环境风在垂直方向上的切变较小，低压或云团扰动至少离赤道几个纬度。台风的初始阶段为热带低压，从最初的低压环流到中心附近最大平均风力达 8 级，一般需要两天左右，慢的要三四天，快的只要几个小时。在发展阶段，台风不断吸收能量，直到中心气压达到最低值，风速达到最大值。而台风登陆后，受到地面摩擦和能量供应不足的共同影响，台风会迅速减弱消亡。

台风与飓风二者没有本质的区别，只是因其发生地不同而称呼不同。台风一般是指在西北太平洋和南海生成及活动的热带气旋，而飓风一般是指在中东太平洋和北大西洋上生成及活动的热带气旋。从等级划分来看，风力在 12 级以上的台风分为三个等级，而飓风等级更多，上限也更高。一级飓风相当于台风或强台风，二级飓风相当于强台风，三级飓风相当于强台风或者超强台风，四级和五级飓风则相当于超强台风。

我国把南海与西北太平洋的热带气旋按其底层中心附近最大平均风力大小划分为 6 个等级，其中风力为 12 级及以上的统称为“台风”。台风按等级又可分为一般台风（最大风力 12～13 级）、强台风（最大风力 14～15 级）、超强台风（最大风力 16 级或以上）。台风是一个深厚的低气压系统，它的中心气压很低，低层有显著向中心辐合的气流，顶部气流主要向外辐散。台风的结构，从中心向外依次分为：台风眼区、云墙区、螺旋雨带区。图 6 是

2021年06号强台风——烟花。

图6　2021年06号强台风——烟花

根据《热带气旋等级》(GB/T 19201—2006)，热带气旋按底层中心附近最大平均风速划分为六个等级：热带低压(Tropical Depression)，最大风力6～7级(最大平均风速10.8～17.1米每秒)；热带风暴(Tropical Storm)，最大风力8～9级(最大平均风速17.2～24.4米每秒)；强热带风暴(Severe Tropical Storm)，最大风力10～11级(最大平均风速24.5～32.6米每秒)；台风(Typhoon)，最大风力12～13级(最大平均风速32.7～41.4米每秒)；强台风(Severe Typhoon)，最大风力14～15级(最大平均风速41.5～50.9米每秒)；超强台风

(Super Typhoon)，最大风力为16级或以上(最大平均风速超过51.0米每秒)。[11]

对台风的正式命名始于20世纪初。1997年11月25日至12月1日，在中国香港举行的由世界气象组织和联合国亚太经济社会委员会主持的政府间组织台风委员会(TC)第30次会议决定，西北太平洋和南海的热带气旋采用具有亚洲风格的名字命名，并决定从2000年1月1日起开始使用新的命名方法。世界气象组织要求亚洲各国事先共同制定一个命名表，然后按顺序年复一年循环使用。命名表共有140个名字，分别由世界气象组织所属的亚太地区的柬埔寨、中国、朝鲜、中国香港、日本、老挝、中国澳门、马来西亚、密克罗尼西亚、菲律宾、韩国、泰国、美国和越南14个成员提供，每个国家或地区提供10个名字。这140个名字分成10组，每组的14个名字，按每个成员英文名称的字母顺序依次排列，按顺序循环使用，即西北太平洋和南海热带气旋命名表。同时，该命名表保留原有热带气旋的编号，同时每个名字不超过9个字母，容易发音，在各成员语言中没有不好的意义，不会给各成员带来任何困扰，不是商业机构的名字，选取的名字应得到全体成员的认可，如有任何成员反对，这个名字就不能用作命名[12]。我国提供的名字是“龙王”“玉兔”

“风神”“杜鹃”“海马”“悟空”“海燕”“海神”“电母”和“海棠”。

当某个台风造成特别重大的灾害或人员伤亡时，台风委员会成员可申请将其使用的名字从命名表中删除，也就是将这个名字永远命名给这次热带气旋，其他热带气旋不再使用这一名字。例如，2004 年的“云娜”、2009 年的“莫拉克”“凯萨娜”以及“芭玛”等。此外，除名还有其他原因。例如，2004 年 08 号台风“婷婷”因中国香港认为“名字没有地方代表性”被除名；2013 年 01 号台风“清松”因马来西亚认为“英文发音导致马来西亚沿海居民恐慌”而被除名；2001 年 26 号台风“画眉”因为是最靠近赤道的台风被除名；2015 年在泰国曼谷举行的第 47 届台风委员会上，因美国提供的台风名字“韦森特”与东北太平洋的飓风名字重名而被更换为“兰恩”。当某个热带气旋的名字被从命名表中删除后，台风委员会将根据相关成员的提议，对热带气旋名字进行增补[12]。为此，中国气象局曾在全国范围内发起征集台风名字的活动。被除名的热带气旋也有替补的名字，如 2002 年的“查特安”更换为“麦德姆”，“鹿莎”更换为“鹦鹉”，“凤仙”更换为“红霞”；2003 年的“伊布都”更换为“莫拉菲”，“鸣蝉”更换为“彩虹”；2004 年的“苏特”更换为“银河”；等等。

▶▶ 龙吸水

2016 年 6 月 23 日 14 点 30 分左右，江苏省盐城市阜宁县遭遇龙卷风和强冰雹的双重灾害，共造成 99 人死亡，846 人受伤[13]。在吴滩镇立新村，房屋受损严重，路边树木和电线杆倒伏。经专家组判定，此次灾害为龙卷风，等级为增强藤田级数 4 级，风力超过 17 级。另据美国媒体报道，当地时间 2021 年 12 月 10 日夜间，美国中部 6 个州遭遇至少 30 场龙卷风袭击，分别是阿肯色州、密西西比州、伊利诺伊州、肯塔基州、田纳西州和密苏里州。当地时间 2021 年 12 月 13 日，美国伊利诺伊州被批准进入灾难状态。龙卷风为何会造成如此巨大的破坏？我们应该如何防范呢？

龙卷风是在强不稳定天气条件下产生的一种小范围空气涡旋，直径一般为几米到数百米，其中心风速可达 100～200 米每秒。龙卷风形成后，一般持续十几分钟到几小时，其袭击范围很小，但破坏力极大。龙卷风的出现和消失都十分突然，很难进行有效预报。龙卷风上端与雷暴云相接，下端有的悬在半空，有的直接延伸到地面或水面，一边旋转，一边向前移动，远远看去，像吊在空中晃晃悠悠的一条巨蟒，又像一个摆动不停地大象鼻子（图 7）。

龙卷风若发生在海上，则犹如“龙吸水”现象，称为“水龙卷”(或“海龙卷”)；若出现在陆地上，卷扬尘土，卷走房屋、树木，称为“陆龙卷”(美国国家气象局称 Dust-tube Tornado)。世界各地的海洋和湖泊都可能出现水龙卷。在美国，水龙卷通常发生在美国东南部海岸，尤其是佛罗里达南部和墨西哥湾。水龙卷虽在定义上是龙卷风的一种，其破坏性比最强大的大草原龙卷风小，但它们仍然是相当危险的。龙卷风按破坏程度可分为 0～5 增强藤田级数，也称为 EF 级。EF0 级：风速在 65～85 英里每小时，足以把树枝吹断，把较轻的碎片卷起来击碎玻璃，一些烟囱会被吹断。EF1 级：风速在 86～110 英里每小时，可以把屋顶吹走，把活动板房吹翻，一些较轻的汽车会被吹翻或卷离路面。EF2 级：风速在 111～135 英里每小

图 7　龙卷风

时，可以把沉重的干草包吹出去几百米远，把一棵大树连根拔起，货车被吹离路面。EF3 级：风速在 136～165 英里每小时，可以把一辆较重汽车吹翻，树木被吹离地面，房屋一大半被毁，火车脱离轨道。EF4 级：风速在166～200 英里每小时，可以把一辆汽车刮飞，把一幢牢固的房屋夷为平地，树木被刮到几百米高空。EF5 级：风速超过 200 英里每小时，房屋被完全摧毁，汽车被完全刮飞，路面上的沥青也会被刮走，货车、火车、列车全部脱离地面。当我们在户外遇见龙卷风时，应当首先保持镇定，迅速朝龙卷风移动方向的垂直方向跑动，伏于低洼地面、沟渠等，但要远离大树、电线杆、广告牌、围墙等。如在汽车中，应及时离开，到低洼地躲避。在家遇到龙卷风时，远离和龙卷风同方向的窗、门、房屋的外围墙壁，尽可能在龙卷风相反方向角落或比较坚固的小房间抱头蹲下，保护好自己的头部[14]。

我国的龙卷风一般多发生在中东部地形相对平坦的平原地区；从区域尺度来看，长江三角洲、苏北、鲁西南、豫东等平原、湖沼区以及雷州半岛等地都是龙卷风的易发区；从省级行政区域来看，江苏省、安徽省、广东省、河南省、湖北省是龙卷风多发的省份，黑龙江省、河北省、浙江省、江西省和湖南省等省份龙卷风的发生频次较高。

巧夺天"功"的战争

知天知地，胜乃可全。

——孙武

天气不仅会影响人们的日常生活，还会影响战争的成败。历史上有很多巧妙利用天气取得事半功倍效果的战争事例，但也有因天气原因错失良机、导致战争失败的战争事例。著名的历史演义小说《三国演义》中就描述了很多借助天气条件取胜的战役；拿破仑东征以及第二次世界大战中著名的诺曼底登陆等战役也借助了天气的力量。让我们一起来看看这些有趣的关于天气的故事吧。

▶▶ 赤壁之战

赤壁之战是中国历史上著名的以少胜多、以弱胜强的战役之一，是三国时期“三大战役”中最著名的一场。建安十三年（公元 208 年），曹操率领号称 80 万、实则 50 万的大军进攻孙权。而孙权和刘备联合，仅出兵 3 万据守长江南岸，两军对峙两月之久。因曹军多为北方士兵，不习水战，经庞统献计，便把战船用铁索连接起来，以减轻风浪颠簸，准备渡江。孙权的将领黄盖用诈降计接近曹军，放火焚烧曹军战船，火借风势，越烧越大，最终以曹军大败而告终，如图 8 所示。在这场战役中，诸葛亮和周瑜巧用天气获得战机，令后人感慨不已，杜牧就有诗云：“东风不与周郎便，铜雀春深锁二乔。”

图 8　火烧赤壁

另外，草船借箭也是《三国演义》中与天气有关的一个故事。书中记载，周瑜要求诸葛亮于三日之内打造十万支箭。以当时的人力和物力而言，诸葛亮当然无法在短短三日内造好十万支箭。诸葛亮向鲁肃借了二十艘船，每艘船配军士三十人，船上皆用青布为幔，各束草千余个分布两边。到周瑜限定期限的最后一日四更时分，二十艘船趁长江水面上大雾漫天，行至曹军阵前。曹军不敢出战，便令弓箭手一万余人向草船放箭，箭如雨下。待至日高雾散，诸葛亮收船急回，最终得到十万支箭。在这次交锋中，长江上的大雾起了关键作用。雾是一种较为常见的天气现象，在我国一年四季都可发生。空气中含有一定量的水汽，一旦冷却达到饱和后，就可凝结成小水滴或小冰晶，就形成了雾。当太阳出来气温升高后，小水滴很快蒸发又变成水汽，雾就消散了。雾的水平分布范围很大，可以达到几平方千米、几十平方千米，甚至几万、几十万平方千米。但雾的高度一般只有几米到几十米，高的有二三百米。

根据形成原因，雾大体上可分为辐射雾、蒸发雾、平流雾和锋面雾。辐射雾是由于空气辐射冷却使水汽达到过饱和状态而形成的，主要发生在晴朗、无风、水汽比较充沛的夜间或早晨的近地面。太阳出来后，随着地面温度上升，空气又恢复到未饱和状态，雾滴也就蒸发消散。与辐射雾在冷下垫面形成不同，蒸发雾生成于暖水面，当冷空气流入暖而大的江河湖面时，水面蒸发使空气趋于饱和，遇冷则形成蒸发雾。这种雾垂直高度一般不高，比较浅薄。平流雾是当温暖潮湿的空气流经冷的下垫面时，暖空气低层冷却达到过饱和而凝结成的雾。平流雾的持续时间与空气的流动有密切关系，若暖湿空气源源不断，且风向不变时，平流雾可维持几个到几十个小时。锋面雾是在冷暖气团交界面上，暖气团中的暖湿空气冷却而形成的雾。在《三国演义》中，对大雾的描述具有神秘性，王鹏飞根据康重华的扬州评话《火烧赤壁》中的描述认为此次大雾应该属于辐射雾，并对诸葛亮巧用大雾的过程进行了详尽解释[15]。他认为要产生辐射雾风力要小，并且夜间温度降低，空气冷却有利于空气中水汽的凝结，所以诸葛亮在接受周瑜造箭任务前，先看定风杆，并且强调了当时夜间很冷。诸葛亮在东方发鱼肚白时，怕日出雾消，故驾舟返回，曹将张辽发现射箭中计时，天色已大亮。由于太阳出来，温度升高，加之风力作用使得大雾消散。这样康重华就将草船借箭中雾的生消描述得很符合冬天辐射雾生成、维持、消散的原理。

王鹏飞对“借东风”的风向转变问题也进行了科学解

释。他指出每当西北风要转东南风的时候，天气就会发雾回暖，又闷湿，这正是冬季寒潮到来前的情况。诸葛亮晓得这几天要刮东南风，才答应周瑜借风。当曹操赤壁兵败之后，遇见赵云，一路败北，许多曹兵投降。赵云押降卒走时，天色大亮，东南风越刮越紧，随后大雨倾盆，此时大雨以及风向正对应于冬季寒潮前锋雨的情况。当雨渐小之后，赵云让士兵卸去雨具，换上棉衣，这时东南风停息，西北风已起，降卒冻得跟玻璃差不多。这对应着寒潮前锋刚过，风向转西北、气温突然转寒的景象。但是随后“等天上云散开，一会儿太阳出来，冬天太阳出来，冻就化了”，这是当寒潮冷锋完全过境后天气转好的情景。这样一次寒潮过境时包括的风的转变、气温的变化、云况变化和降水变化等天气状况就完整地呈现在大众面前。通过细节描述融入气象科学，让借东风火烧赤壁变得不仅合情合理，而且更加丰满生动。

▶▶ 火熄上方谷

如果说火烧赤壁中借东风和草船借箭中的大雾预判属于短时预报(0～72 小时)的话，火熄上方谷中涉及的便是对流性天气的临近预报(0～2 小时)。《三国演义》在第一百零三回中写道，诸葛亮通过种种计谋，将司马懿引入上方谷，最后实施火攻，当时“山上火箭射下，地雷一齐突出，草房内干柴都着，刮刮杂杂，火势冲天。司马懿惊得手足无措，乃下马抱二子大哭曰：‘我父子三人皆死于此处矣！’”但是天不遂人愿，不久之后天气大变，当时“忽然狂风大作，黑气漫空，一声霹雳响处，骤雨倾盆。满谷之火，尽皆浇灭；地雷不震，火器无功”。诸葛亮既然选择火攻，可见他预测到了天气将万里无云，才会设计包围司马懿父子于上方谷并采用火攻。然而，天有不测风云，令诸葛亮意想不到的是，正要大获成功之际，忽然狂风大作，随着滚滚烟雾，凭空一声惊雷，顿时暴雨直下，浇灭了满山谷的大火，令诸葛亮的盘算前功尽弃，也助司马懿父子死里逃生。诸葛亮怒叹：“谋事在人，成事在天。不可强也！”可见，就算是擅长短期和长期天气预报的诸葛亮，对局地临近天气预报也无能为力。

其实，此次强降水应该是由于局地对流造成的。从当时的情景来看，正值夏季，空气湿度大，大火破坏了山谷风的环流形势（由于山谷与其附近空气之间的温度差异，在白天形成从山谷吹向山坡的“谷风”，夜晚从山坡吹向山谷的“山风”），近地面空气因受到强烈加热而迅速膨胀上升，湿热的空气在急剧上升过程中迅速冷却凝结，形成了对流雨。对流性天气的形成需要具备以下几个条件[16]。第一是水汽条件，降水的本质就是空气中的水汽产生凝结，降水量的大小取决于大气中的水汽含量、凝结效率和持续时间。当发生持续的水汽输送时，一个地区的空气就会长时间地处在水汽饱和状态。第二是大气必须处于不稳定状态，也就是不稳定层结条件。冷空气比暖空气密度大，因此稳定的大气层结是冷空气在下、暖空气在上，但由于种种原因出现了与之相反的情况，大气层结就会变得不稳定。当大气具有不稳定层结状态时，不稳定能量则是一种潜在的能量。第三是还需要触发机制，也就是抬升条件。在对流性天气的触发机制中，有天气系统造成的系统性上升运动，这涉及专业的天气学知识，可以在进入大学之后进一步了解；还有地形抬升作用，使得山地成为雷暴的主要发源地，一般山区的雷暴、冰雹天气比平原多很多；最后一类是局地热力抬升作用。夏季的午后，太阳辐射强，在强烈的阳光照射下，地表增温迅速，地表温度远高于空气温度。在地表加热作用下，越接近地面的空气温度越高，而空气温度越高，密度越小，因此越接近地面的空气密度越小，就越容易向上层运动。在火熄上方谷的故事中，发生强对流过程的抬升条件应该属于最后一种，是由局地热力抬升作用导致的。

由于强对流天气发生于对流云系或对流单体云块

中，在气象上属于中小尺度天气系统，空间尺度小，一般水平范围在十几平方千米至二三百平方千米，有的水平范围只有几十平方米至十几平方千米。其生命史短暂并带有明显的突发性，为一小时至十几小时，或者仅有几分钟至一小时。因此，对于对流天气的监测和预报是现代气象防灾减灾的重要方面。目前，强对流天气监测既包括天气实况的监测，也包括对流天气系统的监测，其依赖的观测资料主要包括：常规观测、重要天气报告、灾情直报、自动气象站观测、闪电观测、卫星观测和雷达观测等。由于时空分辨率高和较好的三维空间覆盖性，多普勒雷达资料不仅用于定量降水估测，也是强对流风暴和天气（尤其是冰雹、雷暴大风和龙卷风）监测及临近预警的重要资料。闪电作为对流活动的一种反映，其与对流降水、冰雹和雷暴大风等强对流天气密切相关。目前，我国的地闪定位系统能够提供连续的高分辨率的地闪监测，但尚未对我国大陆区域实现完全覆盖，且不能监测发生更为频繁的云闪信号。由于强对流天气发生的空间尺度和时间尺度都较小，现在的模式预报产品中并没有直接的强对流天气预报产品，需要预报员及时跟踪最新雷达回波图。目前对其 0～2 小时的临近预报技术主要包括外推预报和经验预报。同时，强对流天气事件较一般天气

过程而言少很多,可供研究的个例很少,预报难度更大。

▶▶ 拿破仑东征

拿破仑,这个在法国乃至世界历史上留下浓墨重彩的伟大人物,从一个无名小卒成长为法国皇帝,其很多名言至今仍被大家引用,如,“不想成为将军的士兵就不是好士兵”,有关中国的“睡狮论”,等等。拿破仑的一生几乎都与战争有关,从1799年上台到1815年滑铁卢战役结束,前后10多年,他将战争带到几乎所有的欧洲国家和地区,甚至包括一些殖民地。从土伦战役到滑铁卢战役的23年,拿破仑亲自指挥各大战役近60次,其中取得50余次胜利。但是在他的人生中也遭遇过几次重大的战争失败,1812年东征俄国使其元气大伤,1815年的滑铁卢战役更是结束了拿破仑帝国。战后他被放逐到圣赫勒拿岛,自此退出历史舞台。不论是1812年的东征俄国,还是1815年的滑铁卢战役,导致其失败的原因有多个方面。但在东征俄国战争中,天气因素是导致战争失败的一个重要原因。

在19世纪的前10年,拿破仑在欧洲大陆的战争取得了一系列的胜利,除了英国和偏居一隅的土耳其,他征服了大部分欧洲国家。对于有着雄心壮志的拿破仑来说，他不允许英国独立在他的版图之外，所以他多次发动海上战争，企图征服英国。但是由于英国的海军力量过于强大，拿破仑最终还是无功而返。最后，拿破仑决定以经济封锁的方式来迫使英国投降，禁止法国及其所有附属国、同盟国与英国进行贸易。然而，俄国出于自身考虑，并没有遵守拿破仑的禁令。这一行为令拿破仑大为光火，因此他以沙皇亚历山大一世破坏《提尔西特和约》为借口，从 1811 年底开始，陆续集结了 62 万大军、15 万匹战马、1400 门大炮，于 1812 年 6 月 23 日开始兵分几路渡过涅曼河向俄国发起进攻，企图彻底消灭俄国军队，迫使俄国签订媾和条约。

战前，拿破仑的军队做了大量的准备工作，为了保障军队后勤补给，他们在俄国的西部边境建立了大量的兵站和补给站，并且配置了一支数量庞大的运输队。面对法军强大的东进之势，俄国沙皇亚历山大一世也积极备战，扩充兵员，一线作战部队达 22 万人，火炮 800 余门。1812 年 6 月 24 日，法国大军渡过涅曼河进入俄国境内；同年 7 月 8 日占领明斯克；8 月 16 日，法军进攻斯摩棱斯克，俄军进行了顽强抵抗；8 月 18 日，俄军奉巴克莱命令，撤出战斗，焚毁斯摩棱斯克城，并在后撤的每一个地方实行坚壁清野，没有给法军留下任何给养；9 月 5 日，法军在

距离莫斯科不到120千米的博罗季诺村迎头撞上了严阵以待的俄军总司令库图佐夫亲率的俄国大军,双方展开了法俄战争中规模最大的会战;9月14日,法军先头部队进入莫斯科,但是进入莫斯科之后,法军发现整个莫斯科的市民也都随军撤退,莫斯科是一座空城;9月16日,一场大火又几乎将整个莫斯科城化为灰烬。在占领莫斯科之后,拿破仑多次向沙皇亚历山大一世提议媾和,都被亚历山大一世拒绝。10月19日,拿破仑被迫率残余的10万法军撤离莫斯科。但在此时,已经休整完毕的俄军立即反扑过来。拿破仑向莫斯科西南方卡卢加地区撤退,但遭到库图佐夫的强烈阻击,法军数次交战失利,被迫从已被战争毁坏殆尽的斯摩棱斯克大道撤退。11月29日,法军残部渡过别列津纳河,12月5日,退到维尔诺。60多万大军除了被俘之外,一路上还有战死的、病死的、冻死的、饿死的,当法军再次渡过涅曼河时仅剩3万人。至此,拿破仑发动的入侵俄国战争正式宣告结束。图9示意拿破仑东征俄国。

1869年11月20日,法国工程师米纳德(Charles Joseph Minard)发表了一张统计图,在图中展示了法国军队的数量、行进的路程、温度、经纬度、行进方向、特定日期和事件的位置等信息。他以时间为横轴,在每一个时

图 9　拿破仑东征俄国

间节点标出当天的温度，并且以不同颜色的带状区域表示进攻和撤退的过程。带状区域上的任一点，对应一个地点和时间，进而对应一个关键的事件，这样对该场战争过程进行直观的描述。从这张图中我们可以看出，在返回法国的过程中，温度不断降低，最低温度竟然达到－37.5摄氏度。法军的后勤物资只是在这场战争开始后很短的时间内保证了有效供给，随着战线的逐步拉长，加上俄军坚壁清野的政策，法军的后勤补给开始出现各种各样的问题。随着天气越来越冷，后勤补给问题对法军的影响被无限放大，而俄国军队由于是本土作战，他们比法军更熟悉也更适应本地的冬天。到达别列津纳河时，

法军人员骤减，除了战斗原因外，当时过河冻死的人员很多。因此受俄国寒冷天气的影响，法军最终一败涂地，精锐部队损失殆尽，元气再难恢复。

▶▶ 诺曼底登陆

1944 年 6 月 6 日，美、英联军从英国南部的朴次茅斯沿岸出发，渡过英吉利海峡，成功登陆德军占领下的法国诺曼底海岸，在西欧开辟了第二战场。在这次战役中，美、英等国投入总兵力达 45 个师，连同后勤人员共 153 万多人，各型飞机 1.3 万架，海军舰船 5 000 艘，各型登陆舰艇 4 000 多艘，是一次规模巨大的三军联合的两栖作战。在这场战役中，气象保障发挥了至关重要的作用。

早在 1942 年 6 月，美苏和美英发表联合公报，达成在欧洲开辟第二战场的充分谅解和共识。1942 年秋季，空军气象局根据总的行动计划提供了英吉利海峡一般性的气候报告。1943 年 1 月，英美卡萨布兰卡会议上，将欧洲大陆的登陆时间推迟到 1943 年 8 月。但是情况又有改变，最终在 1943 年 5 月，英美华盛顿会议决定于 1944 年 5 月在欧洲大陆实施登陆，开辟第二战场。1943 年，盟军开始对法国海岸区的气象情况进行较为详细的研究，5 月完成了该地区7～12月的天气和海况报告，并于1943年8月完成了有关法国本土天气情况的一般性研究。1943年12月，美国陆军上将艾森豪威尔被任命为盟军最高司令，并组建了由英美两方组成的联合委员会，筹划登陆作战。1944年1—3月，美英盟军的气象人员对诺曼底地区可能出现的各种天气状况进行了调查研究。1944年5月初，盟军最高司令部任命英国空军上校斯塔格为首席气象顾问，负责由美国空军天气中心、英国空军天气中心和英国海军天气中心组成的气象联合委员会和气象预报中心，每周两次向最高司令部汇报气象情况，5月20日起，改成每两天汇报一次气象情况。

登陆作战是多兵种协同作战，各军兵种根据自己的需要对登陆日(代号D日)提出不同要求:陆军要求在高潮登陆，以减少部队暴露在海滩上的时间；空降部队需要登陆时为多云，以遮蔽敌人的轰炸；海军要求登陆时风小、浪低，以便尽量减少登陆艇遭到障碍物的破坏；空军要求天气晴好有月光，以便识别地面目标。最终，对D日的气象水文条件具体要求是:渡过英吉利海峡时，海峡正是大风之后，风浪开始平静，在大西洋上没有吹向海峡的大风，不致出现巨大涌浪，5 000英尺以下的低云不能超过五成，能见度至少有3英里，登陆队上岸时，地面风不

大于3级[17]。最后,经过认真考虑,盟军科学拟定了符合各军种登陆的方案,在高潮与低潮间登陆,由于五个滩头的潮汐不尽相同,所以确定五个不同的登陆时刻(代号H时),D日安排在满月的日子,空降时间为凌晨1点。符合上述条件的登陆日期,在1944年6月中只有两组连续三天的日子,6月5日至7日和6月18日至20日,盟军司令部最后决定选用第一组的第一天,即6月5日。5月29日,盟军最高统帅艾森豪威尔将军在朴次茅斯司令部里下令,登陆开始的日子为6月5日。

此时,从新斯科舍经格陵兰、冰岛、北爱尔兰、亚速尔群岛,到百慕大和加勒比海的弧形气象情报网,以及气象侦察机和气象报告船发回的加密气象情报,源源不断地传到由英国空军上校斯塔格和美国空军上校耶茨领导的气象联合委员会和气象预报中心。6月3日黄昏,朴次茅斯上空乌云笼罩,风势转猛。斯塔格向最高统帅部报告亚速尔高压正在迅速减退,北大西洋上的冷锋正迅速东移,6月7日以前海峡和作战地区将有不稳定天气,到时天空可能会完全被云覆盖,并且云底将低于300米,不利于登陆作战。艾森豪威尔听完报告后决定,4日凌晨的会议最后做出是否推迟进攻日期的决定。6月4日凌晨4点30分,斯塔格报告说预报结果和前一次没有明显变化的时候，艾森豪威尔决定把D日推迟24小时，也就是更改至6月6日。6月4日21点30分，斯塔格向艾森豪威尔和最高统帅部报告大西洋上的冷锋正快速移去，现正横穿英吉利海峡。冷锋过后会出现一个好天气间隙，至少可以延续到6日黎明。法国沿海的风速将减弱到8米每秒以下，云量低于五成，云底在600米至900米。天气预报结果变得勉强可以，此时艾森豪威尔和参谋部的几位军官都认为不须再改变6月4日已经下达的命令，6月6日准时发动进攻，但是副总司令泰德尔和空军司令利马洛里建议为了妥善起见再次推迟进攻日期。6月5日凌晨4点，盟军司令部再次召开会议，会议决定听从斯塔格的预报建议，决定不论天气好坏，6月6日准时登陆[18]。这样，对第二次世界大战战局有重要影响的登陆战役轰轰烈烈地展开了。盟军在8月19日渡过塞纳一马恩省河后以诺曼底登陆的胜利而结束，宣告了盟军在欧洲大陆第二战场的开辟，令纳粹德国陷入两面作战的境地，减轻了苏军的压力，协同苏军有力地攻克柏林，迫使法西斯德国提前无条件投降，加快了第二次世界大战的结束。由此可见，现代战争是诸军多兵种联合作战，由于参战军兵种多、技术装备复杂、战役空间辽阔以及规模巨大，不可避免地要受天气条件的制约和影响，加之各军兵种和

武器对气象条件的要求不同，使战争的组织指挥和协同更为复杂，气象保障在现代战争中尤为重要。图 10 示意美英联军登陆诺曼底。

图 10　美英联军登陆诺曼底

▶▶ 美越战争

20 世纪 50 年代末至 70 年代中期，越南人民在反对美国侵略、争取民族解放和国家统一的战争中，作为大后方的越南北方与作为前方的越南南方之间，有一条被称为“胡志明小道”的举世闻名的秘密军事运输线。“胡志明小道”起始于北越中部地区，途经老挝中下寮地区、柬埔寨东部地区，然后转入南越。通过这条运输线，国际援越物资以及越南北方支援南方的军事物资和大批干部、军事人员冲破美军的重重封锁，源源不断地运抵越南南方游击区，有力支援了越南南方人民抗击美国侵略者和打击西贡政权的统治，为越南人民赢得抗美救国战争的彻底胜利，并为国家统一奠定了极为重要的基础。

“胡志明小道”是越南人民抗法、抗美特别是抗美战争的产物，其最早可追溯到20世纪四五十年代。1959年9月，以胡志明为首的越南劳动党决定将“胡志明小道”开辟为后勤补给线，正式组建了“595运输司令部”。“胡志明小道”开始迅速扩大，由当初仅供越共地下党之间联系之用的秘密交通线，逐渐变成了运送军事物资乃至调遣正规部队的军事后勤补给线。为了截断这条羊肠小道，美军可谓无所不用其极。1965年4月，美军发起了代号为“钢老虎”的空袭行动，对老挝境内的“胡志明小道”进行持续轰炸，每天出动飞机约20架次，主要目标是交通线上的车辆。到1966年，北越的车队被迫在白天基本停止了行动。从1964年底到1967年底，美军飞机共出动约18.5万架次空袭“胡志明小道”，其中空军飞机的出动量约占80%。1966年，美国国防部部长麦克纳马拉对用空中战争阻止北越支援南方的行动丧失了信心，开始酝酿新的方案，也就是“麦克纳马拉防线”，将2万个震动和

音响传感器由飞机空投到地面，由特种部队小分队进行安置，利用这些传感器对“胡志明小道”上行驶的车辆的方向和速度进行跟踪，并派出战机前往轰炸。

然而，尽管投入了大量的人力物力，针对“胡志明小道”作战行动的收效仍然远低于预期。于是，美军又将目光转向了最不可能的方向：气象战。美军认为，只要增加“胡志明小道”所在地区降雨量，就能够使得原本简陋的道路变得泥泞不堪。若降雨效果显著的话，甚至会引发洪水和泥石流，彻底切断运输通道。1966 年，美国“麦金莱气候实验室”开发的气象武器开始用于越战，行动代号为“波普艾计划”。为了实施这场史无前例的人工降雨作战，美军派出了最精锐的第 54 气象侦察中队，共出动 2.6 万架次飞机，在越南上空投放了 474 万枚降雨催化弹，向云层里倾泻成吨的碘化银，实施大规模人工降雨，人为地延长了雨季，造成越南部分地区洪水泛滥，大量桥梁、水坝、道路及村庄被冲毁。最重要的是，洪水使“胡志明小道”变得泥泞不堪，严重影响了北越军队的作战行动。据统计，美军“波普艾计划”给越南造成的损失，远比整个越战期间飞机轰炸所造成的损失大。

由此可见，随着科技的进步，人类已经不局限于借助大自然的力量，而且开始考虑直接干预天气过程，制造适合自己的天气，甚至提出“气象武器”的说法。所谓“气象武器”是指运用现代科技手段，人为地制造地震、海啸、暴雨、山洪、雪崩、高温热浪、雾气等自然灾害，改造战场环境，以实现军事目的的一系列武器的总称。1972 年 7 月 3 日，著名的美国专栏作家杰克·安德森在《纽约时报》的一篇报道中首次披露了美军在越南的气象作战行动。报纸出版后，“美军操纵天气”的消息立刻在美国国内掀起轩然大波。在反战群众的强烈指责下，“波普艾计划”在短短 48 小时内就被迫中止了。最终，美国政府被迫在联合国大会上提出了著名的《禁止基于军事或者其他敌对目的使用环境修改技术公约》，该协议于 1976 年 12 月 10 日被联合国大会接受，即联合国《禁止为军事或任何其他敌对目的使用改变环境的技术的公约》，并于 1978 年 10 月 5 日经多国签署后生效。该公约明确提出：“本公约各缔约国承诺不为军事或任何其他敌对目的使用具有广泛、持久或严重后果的改变环境的技术作为摧毁、破坏或伤害任何其他缔约国的手段。”根据公约，环境改变技术是指任何通过刻意操纵自然过程改变地球（包括生物圈、岩石圈、水圈和大气层）或外层空间的动态组成或结构的技术。我国全国人民代表大会常务委员会于 2005 年 4 月 27 日通过加入《禁止为军事或任何其他敌对目的使用改变环境的技术的公约》的决定。

农耕文明中的气象

不知四时，乃失国之基。不知五谷之故，国家乃路。

——管仲

我国自古以来就是农业大国，在应对各种自然灾害的过程中，人们总结了大量经验，并将其传承下来，形成了丰富的知识宝库。那么，在历史传承中人们积累了哪些气象知识？气候条件对农耕时代的王朝更替是否能产生作用？影响我国农业生产的主要天气灾害有哪些？人们是如何防灾减灾的？让我们一起来解读。

▶▶ 二十四节气

春雨惊春清谷天，夏满芒夏暑相连。

秋处露秋寒霜降，冬雪雪冬小大寒。

每月两节不变更，最多相差一两天。

上半年来六廿一，下半年是八廿三。

这是大家耳熟能详的二十四节气歌。作为我国优秀传统文化的典型代表，二十四节气在 2016 年被联合国教科文组织列入世界非物质文化遗产。图 11 为二十四节气图。

图 11　二十四节气图

二十四节气最早来源于我国当时社会经济最发达的黄河流域。在《尚书·尧典》中有“日中，星鸟，以殷仲春……日永，星火，以正仲夏……宵中，星虚，以殷仲

秋……日短，星昴，以正仲冬”的描述，“日中”“日永”“宵中”和“日短”分别相当于春分、夏至、秋分和冬至，说明当时已经有了二分二至的初始概念。《周礼》中也有很多夏至和冬至的记载，说明西周时期人们已经可以测定二分二至。春秋时期，土圭测量应用十分普遍，除了二分二至以外，四立节气出现。到西汉初期，《淮南子·天文训》完整地记载了二十四节气，是目前公认的与现今流传较为相近的版本。《太初历》把二十四节气定为历法，明确了二十四节气的天文位置。按照地球围绕太阳公转一周，一年运行 360°，太阳从黄经 0°起，沿黄经每运行 15°所处的日子被命名为一个节气，这样每月便有 2 个节气，一年 12 个月共 24 个节气。由于这种天文二十四节气反映了地球公转形成的周期变化，所以每个节气在现行的公历中日期基本固定[19]。

草木的荣华凋零、鸟兽的迁徙蛰藏、雨露霜雪的四时变化等气象和物候最为直观，也最直接地反映了大自然的盛衰荣枯、季节轮回。“立春梅花分外艳，雨水红杏花开鲜；惊蛰芦林闻雷报，春分蝴蝶舞花间；清明风筝放断线，谷雨嫩茶翡翠连；立夏桑果象樱桃，小满养蚕又种田；芒种育秧放庭前，夏至稻花如白练；小暑风催早豆熟，大暑池畔赏红莲；立秋知了催人眠，处暑葵花笑开颜；白露燕归又来雁，秋分丹桂香满园；寒露菜苗田间绿，霜降芦花飘满天；立冬报喜献三瑞，小雪鹅毛片片飞；大雪寒梅迎风狂，冬至瑞雪兆丰年；小寒游子思乡归，大寒岁底庆团圆。”这是一首流传很广的俗信农事歌谣，形象地反映了我国传统农业社会根据自然季节循环的节律，劳动人民以物候、气象、天文等自然现象为标识，在二十四节气时的生活状态和状况。实际上，在现在的二十四节气名称中，除了四立以及二分二至是根据太阳在南北回归线的运动情况外，其他节气名称都是由其相应的物候或气象特征而得名：雨水表示随着温度的升高，降水量将逐渐增加，并且降雨的形式增多，降雪减少；惊蛰表示随着气温的进一步升高，春雷乍动，蛰伏在地下越冬的虫子开始苏醒，万物复苏的时节将要到来；霜降作为秋季的最后一个节气，表示时值晚秋，气温开始降至零度，昼夜温差增大，地面上的露水遇冷凝结成霜……因此，节气原本就是一种“物候历”。

此外，古人将天文、农事、物候和民俗巧妙地结合在一起，衍生了大量与之相关的岁时节令文化，成为中华民族传统文化的重要组成部分。为了更准确地表述时序特点，古人将节气分为“分”“至”“启”“闭”四组。“分”即春分和秋分；“至”即夏至和冬至；“启”是立春和立夏；“闭”

则是立秋和立冬。立春、立夏、立秋、立冬，合称“四立”。“四立”与“二分二至”加起来共为“八节”，民间称为“四时八节”。四时八节伴随农事活动逐渐形成相关的节日、节庆、节俗，产生了丰富多彩的民俗文化和民间艺术。立春，作为二十四节气之首，在传统的农业社会既是一个古老的节气，也是一个重大的节日。重大的拜神祭祖、驱邪消灾、祈祥纳福、迎新春等均安排在立春日及其前后几天举行。冬至，作为冬季的大节日，在古代民间有“冬至大如年”的说法，所以古人称冬至为“亚岁”。冬至习俗因地域不同而又存在着差异：在中国南方地区，有冬至祭祖、宴饮的习俗，“汤圆”是冬至必备的食品；在中国北方地区，每年冬至则有吃饺子的习俗。

伴随着气候变暖，二十四节气对应的气候特征也随之发生变化，雨水、立春、惊蛰节气的增温最快，惊蛰、清明、小满和芒种这 4 个反映物候的节气在全国各地普遍提前，尤其在北方半干旱地区均显著提前，分别提前 12～16 天、4～8 天、4～8 天和 8～12 天[19]。与节气相关的春、夏、秋、冬四季长度也在发生着变化。兰州大学近期有关全球变暖背景下各季节长短变化的研究引起国内外的广泛关注，可见，大气科学研究不仅有理论深度，还与人们的生活息息相关，很接地气。

▶▶ 天气谚语

天气谚语是人们在长期的生产生活实践中，通过对大自然中的风霜雨雪、日月星辰变化进行仔细观察，总结出一定的规律用来预测天气变化。天气谚语是我国珍贵的文化遗产的一部分，多以成语或歌谣形式在民间流传。天气谚语作为农民、樵夫、牧民、渔民等看天经验的“艺术概括”，有着非常丰厚的实践基础，也拥有比现有气象资料年代更久的资料基础，背后有着深刻的科学道理，为气象工作者提供了大量的预报线索。中华人民共和国成立后，为了提升气象预报水平以及农业防灾减灾能力，各地气象部门及研究机构高度重视天气谚语的调查和收集工作，出版了大量反映各地天气变化规律和经验的天气谚语书籍，主要有《贵州天气谚语浅解》《内蒙古天气谚语》《测天谚语汇编》《民间测天谚语》等。还有集合全国天气谚语的论著，例如 1977 年出版的《天气谚语在长期天气预报中的应用》，1990 年出版的《中国气象谚语》，以及 2012 年出版的《中华气象谚语大观》等。可见，天气谚语一直受到人们的重视，并且焕发着新的活力。

天气谚语主要用来预测天气。在气象上，天气预报可分为短期预报、中期预报以及长期预报等。与短期预

报相关的天气谚语如“鱼鳞天，不雨风也颠”，是指当卷积云逐渐遍及天空，天气将要变坏，主要是因为高空大气不稳定，气流是波状的，高层大气通过动量下传逐步波及低层大气，最终导致当地天气转坏。还有“夜风特大，天气变化”“伏里北风当日雨”等，也是与短期天气预报相关的谚语。与中期预报相关的天气谚语如“一夜起雷三日雨”“连起三场雾，小雨下不住”“初一下雨初二晴，初三下雨久不晴”等。与长期预报相关的天气谚语有“伏里不热，九里不冷；伏里有雨，九里有雪”“重阳无雨看十三，十三无雨一冬干”“下了六月六，大雨下一秋”等。“南风吹到底，北风来还礼”，这条俗谚在长江以南地区的春季最为灵验，这主要是由于春季来自西北太平洋或者印度洋的暖湿空气已经十分活跃，同时北方的冷空气也非常活跃并经常向南进发，于是，冷暖空气经常在长江以南地区交汇，通常会出现阴雨天气。对当地来说，当风向偏南的时候，气温偏高。相反，当北方冷空气经过的时候，风向偏北，气温下降。

在日常生活中，除了通过观察云、风、雾的变化之外，农民们还喜欢通过观察动物的活动来预测天气变化。“青蛙吵叫，雨要到”，主要是因为青蛙的皮肤对天气变化特别敏感。在春、夏久旱后，如果空气湿度变大，高温闷热，青蛙会跳出水面呼吸，叫个不停，叫声又大又密，预示着不久便会下雨。“乌龟背冒汗，出门带雨伞”，这是因为龟身贴地，龟背光滑阴凉，当暖湿空气到来时，会在龟背冷却凝结出现水珠，而暖湿空气通常会带来阴雨天气。“燕子低飞，蛇过道，大雨不久要来到”，这是由于大雨来临之前，高空风速变大，空气湿度增加，近地面小虫翅膀受潮变软不能高飞，燕子们趁机低飞，可以找到更多的食物饱餐一顿。“大蛇出洞，大雨咚咚。蛇过道，雨来到”，这主要是指下雨前气压下降，温度升高，地面非常闷热，蛇在洞里也感到憋闷，同时躲在阴暗处或草丛里的小动物也会到处乱窜，蛇便趁此机会出洞捕食。上述现象都是动物对阴雨天气到来之前气压降低、湿度增大所做出的自然生理反应。人也会在阴雨天到来之前感到疲倦不适，例如，老人关节疼痛，故有“腰酸疮疤痒，有雨在半晌”的谚语。

天气谚语已有几千年的历史，其在我国气象站的长期天气预报中起了很大作用。但由于天气谚语具有一定的地域性和时效性，若不对其进行仔细分析和验证，会影响预报效果的稳定性。有气象科技工作者分析了山东省聊城市 1976—2006 年的气温资料，来验证“早立秋冷飕飕，晚立秋热死牛”这条天气谚语。结果发现立秋时间的早晚与气温变化没有必然联系，立秋时间的早晚对气温

影响不大，即“早立秋冷飕飕，晚立秋热死牛”这句话不符合当地天气变化规律[20]。当然也有一些天气谚语得到实测资料的佐证，例如，针对“不得春风难得秋雨”这条谚语，山东省泰安市气象局王焱和陈希玲利用当地1970—1995年春季大风和秋季降水资料进行了统计分析，结果发现，春季风多、秋季降水量大二者之间确实存在着较好的隔季相关，在实际预报中也应用较好[21]。每条谚语的区域适用性以及背后的科学依据，可以用大气科学的知识来解释，也可以用大气科学的知识来证伪，还可以为短期和中长期天气预报提供思路，未来也期待着更多学子去进一步发掘和验证。图12示意人们通过自然现象判断天气变化。

图12　人们通过自然现象判断天气变化

▶▶ 气候变迁与农耕文明

中国的历史气候表现出暖湿与干冷交替出现的波动式变化，对中华文明的发展产生了深远影响。在农耕社会初期，人类活动范围有限，对气候环境的影响甚微，只能被迫适应环境和气候变迁；进入青铜器时代和铁器时代，生产力得到进一步解放，耕地面积逐渐扩张，人类活动对气候环境的影响有所增强。但从总体上看，在整个农耕社会，人们基本上是“靠天吃饭”，而气候环境变化对人类活动的影响是很大的，甚至具有决定性作用。

在距今七八千年前的新石器时代，黄河中下游地区气候温暖、雨量充沛，非常适宜作物生长和人类繁衍，有利于以旱作农业为主的人类文明发展。先民陆续创造了前仰韶文化期（8500～7000 年前）、仰韶文化期（7000～5000 年前）和龙山文化期（5000～4000 年前）。前仰韶文化期年平均气温比现今高 2 摄氏度，形成了以关中地区老官台文化、河南裴李岗文化、河北南部磁山文化为代表的文化。在大约 7000 年前，中原地区年平均气温下降了 2～3 摄氏度，终止了前仰韶文化，人们开始向中原地区大迁徙，创造了仰韶文化。龙山文化期的气候是大暖期的最后一个暖温气候段，年平均气温比现今高 2～3 摄氏

度，随后气候开始转冷。公元前1800年—1200年（3800～3200年前）是第一温暖期，全球气候变暖，夏商之际，大象仍奔走在中原大地，梅树和竹子生长在中原地区，在甲骨文中就有打猎捕获大象的记载。气候温润适宜，利于农业发展，粮食产量增加。公元前1200年—700年（3200～2700年前）是继第一温暖期之后的第一个寒冷期，在此阶段全球气温下降，寒冷气候导致作物减产，战乱频发，民不聊生。《国语·周语》记载，公元前1046年“河竭而商亡”，周武王姬发联合庸、蜀、羌、髳、微、卢、彭、濮等部族，讨伐商纣王，殷商灭亡。公元前842年，周厉王施政暴虐，“防民之口，甚于防川”，民众发动“国人暴动”，动摇了西周王朝的统治。公元前700年—公元元年（2700～2000年前），也就是从春秋时期到西汉末年的700年间，是我国历史上的第二个温暖期。温暖湿润的自然气候加之铁制农具的使用与推广，以及耕作技术的改进与提高，促进了春秋战国时期经济的发展，造就国民智慧集中大迸发。我国涌现出一大批思想家和哲学家，百花齐放、百家争鸣。在结束秦朝15年的短暂统治后，西汉政权用六七十年时间完成了战后休养生息的经济恢复过程，迅速发展为经济强大、实力雄厚的王朝，成为当时世界上的强国。

公元元年—公元600年(2000～1400年前),全球气候再次回到小冰期,此时正值东汉魏晋南北朝时期,社会动荡和战乱再次出现,是我国第二个寒冷期。当时黄河流域的年平均气温比现在低2摄氏度左右,寒冷干旱的气候使北方地区草木肃杀、灾害加重,北方游牧民族纷纷南下,中原地区常年动乱,不利于黄河流域的农业生产,黄河流域的先进文明遭到极大破坏。大量中原人南迁,为南方带去了大量掌握先进生产技术的劳动力和生产者,使南方获得了长足发展。600—1000年,是我国历史上的第三个温暖期,正值唐朝和北宋前期,一般称为"唐宋温暖期"。这一时期文学和艺术随之复兴,开启了璀璨的中华文明时代,唐朝也成为当时世界上最强盛的国家之一。然而,气温却再未回升到从前,竹林并未回到中原,甚至大象也迁徙到了南方。1000—1200年,是中国历史上的又一个寒冷期。北方游牧民族活动频繁,特别是12世纪初,气候急剧转冷。金朝在占据秦岭－淮河以北后,于1127年南下攻取北宋首都东京(今河南开封),掳走徽、钦二帝,史称"靖康之变",自此北宋灭亡。宋朝被迫迁都临安(今浙江杭州),史称南宋。元朝初年,气温有所回暖,但后来又开始变冷。在12世纪以后的800年间,中国的气候虽也曾几次冷暖交替,有过一些短暂的温

暖时期，但总体来说以寒冷气候为主。1627 年，陕西澄城饥民暴动，明末民变开始。1644 年，李自成攻陷北京城。1650—1700 年，洞庭湖结冰三次，太湖、汉江和淮河结冰四次。

总体而言，气候变迁（特别是气候变冷）导致中国古代北方游牧民族的几次大规模南下，直接影响了中国古代政局的演变。长时间的寒冷气候严重损害了农耕经济，造成粮食供应不足，导致政府税收减少，进而削弱王朝统治力量。相对而言，温润气候下农业产量提升，物资供应丰富，政府税收充实，先哲开始致力于文化艺术领域的探索。虽然战争冲突是社会历史中多种因素综合作用的结果，但气候变迁无疑是历史演进过程中极为重要的一个因素。

▶▶ 靠天吃饭的农业

我国地域辽阔，跨越热带、亚热带和温带 3 个气候带，地势西高东低，降水南多北少，特殊的地理位置、地形特征及气候特点，致使农业生产受干旱、洪涝、低温冻害以及台风等灾害天气的影响严重。总体来看，我国受干旱灾害影响的区域面积最大，洪涝灾害的影响次之，低温冻害的影响最小。在不同年代，影响我国的气象灾害也不尽相同：20 世纪 80 年代受干旱和风雹（大风、冰雹、龙卷风、雷电）的影响较重；20 世纪 90 年代受洪涝灾害影响严重；21 世纪初则受洪涝和低温冻害的共同影响严重[22]。

1978—2010 年，我国干旱灾害的年平均受灾面积为 2496 万公顷，成灾面积为 1265 万公顷[22]，全国受灾率比较高的省份主要是山东、黑龙江、河南、内蒙古以及山西等。总体来看，北方降水少且年际变率大，导致北方地区受灾面积和受灾率均高于南方地区。

洪涝灾害对我国造成的直接经济损失高达数千亿元。我国有三分之二的资产、二分之一的人口以及三分之一的耕地分布在洪涝风险区。受季风的影响，各地的雨季不尽相同，所以洪涝发生的时段也不尽相同：华南和江南主要集中在 5～7 月，长江中下游地区主要集中在夏季，春、秋季也时有发生；西北地区虽然降水量少，但一旦发生洪涝，对当地造成的损失却不容低估。这些灾害也对天气预报和相关领域研究提出新的挑战，亟须更多的年轻人投身相关科学领域的研究中去。

1978—2010 年，我国平均每年因低温冻害造成农作

物受灾面积达337万公顷，成灾面积为156万公顷[22]。夏季低温冻害主要发生在东北地区，主要是受东北冷涡的影响。春、秋季低温引起的冻害主要发生在长江流域及其以南地区。冬季强寒潮暴发南下，橡胶、椰子、油棕、胡椒等经济作物会受到冻害的严重影响。中华人民共和国成立以来，发生过多次比较严重的冻害。如2008年初的低温雨雪冰冻天气，受灾人口达1亿多，对电力、交通运输、农业以及人民群众生活造成了严重影响，经济损失高达1 500多亿元[23]。

我国是世界上少数几个遭受台风危害严重的国家之一，平均每年登陆我国的台风有7个，最多的一次达12个，并造成约占GDP的0.4%的直接经济损失和9 000余人伤亡[24]。台风登陆地区几乎遍及我国沿海地区，主要集中在浙江以南沿海一带。在广东、广西、福建、海南和台湾沿海登陆的台风约占登陆总数的89%，其中又以登陆广东省的最多，在浙江以北沿海登陆的只占11%。由于台风的强破坏性，对其路径和强度的预报一直是研究台风的科学家们所关注的重点。由于台风观测资料的稀缺和台风内部机理的复杂性，台风数值预报的发展仍然面临诸多困难，对台风数值预报技术的探索还有很长的路要走。

由于人类活动和自然变化的共同影响，全球气候正经历一场以变暖为主要特征的变化，已引起国际社会和科学界的高度关注。根据2021年发布的政府间气候变化专门委员会（IPCC）第六次科学评估报告，随着未来全球变暖进一步加剧，预估极端热事件、强降水、农业生态干旱的强度和频次等将增加，农业生产面临着新的挑战[25]。受全球气候变暖影响，各国农业生产都将出现大幅波动，粮食供给的不稳定性会增大。气候变化将导致我国主要粮食作物水分亏缺、农业自然灾害频发、粮食产量波动加大。气候变暖会使农业病虫害的分布区发生变化，低温往往限制某些病虫害的分布范围，气温升高后这些病虫害的分布区可能扩大，从而影响农作物生长。同时，温室效应还使一些病虫害的生长季节延长，使害虫的繁殖代数增加，一年中危害时间延长，作物受害程度可能加重。在全球气候变暖的背景下，我国农业气象灾害、水资源短缺、农业病虫害的发生程度都呈加剧趋势。若多种灾害同时发生或大面积发生，将造成粮食生产能力严重降低、减产幅度进一步加大。另外，气候变化加大了土壤的水分、有机质和氮的流失风险，加速了土壤的退化和侵蚀，削弱了农业生态系统抵御自然灾害的能力，增加了农业成本。

▶▶ 农业防灾减灾

农业防灾减灾的根本目的是保护广大农民的生命和财产安全,促进我国农业健康发展。农业防灾减灾主要针对灾害前、受灾过程以及灾害后三个阶段,这些过程均离不开气象工作的开展和保障。在灾害发生前,气象部门以提升农业气象天气预报准确性和时效性为目标,以农业设施及农业发展水平为依据,可以有效抵御包括洪涝、低温和干旱等农业气象灾害。在受灾过程中,加强气象监测和预报,可为灾情走向及制定救灾政策提供关键支撑。在灾害后的重建和复产工作中,气象工作对于农民摆脱自然灾害的影响、稳定农业生产局面起着重要作用,不利的灾害重建复产工作,会导致"农民因灾致贫、农业因灾失收"恶性循环的出现,加大日后工作的复杂性。目前,云雾降水等多种人工影响天气技术,在农业防灾减灾过程中,发挥了重大作用。图13示意人工增雨。

我国的历史文献中,有很多关于人工影响天气的记载,例如,北魏地理学家郦道元所著的《水经注·江水》中就有"天旱,燃木崖上,推其灰烬,下移渊中,寻即降雨"的描述,记录了三峡某地区通过燃烧木材加热局地大气,增加凝结核,实现降水的可能。清代刘献廷撰写的《广阳杂

图 13　人工增雨

记》中"夏五、六月间，常有暴风起，黄云自山来，必有冰雹，土人见黄云起，则鸣金鼓，以枪炮向之施放，即散去"，便是对消除雷暴天气的描述。

美国气象学家詹姆斯·埃斯皮是最早从现代科学理论视角提出人工降水方法的学者之一。他认为大气层是一个巨大的热力发动机，大气中的雷暴、飓风等所有大气扰动都是由这个热力发动机驱动的。詹姆斯尝试通过燃烧森林驱动大气产生上升运动，促成水汽凝结和降水，但由于缺乏必要的政治支持和经费，他的设想并未实现。1902 年，美国人查尔斯·哈特菲尔德制造了声称可以吸引雨水的一种由 23 种化学物质组成的混合物质。1915

年，圣地亚哥市议会为查尔斯提供1万美元的经费，支持其以增雨的方式提升莫雷纳水库蓄水量。但在准备工作就绪之后，从1916年1月5日开始突降大雨，引发了洪灾，大坝破裂，造成多人伤亡。市议会不但拒绝支付承诺的经费，还要求查尔斯承担赔偿责任。双方打起了旷日持久的官司，直到1938年，法院最终裁定事件属于天灾，免除了查尔斯的责任。

在人工影响天气的过程中也会产生矛盾和冲突，在天气系统运动的上游作业，会对下游或其他区域造成影响。2004年河南发生了“五地市争抢一片云”事件。2004年7月9日，有云系生成后从南阳上空向东北方向移动，久旱无雨的平顶山、驻马店、漯河、许昌和周口五地市竞相实施人工增雨作业，结果平顶山和许昌降雨最多，平均降雨超过100毫米，周口市最少，仅为27毫米。在后来的研究和作业中，也有科学家担忧，大规模播撒作业会对环境产生负面影响[26]。

由于气象条件直接影响和制约着农业生产过程，在全球气候变暖背景下，农业脆弱性最大，适应气候变化的要求最高，压力也最大。2021年10月发布的《中国应对气候变化的政策与行动》白皮书指出中国推进重点领域适应气候变化行动。在农业领域，加快转变农业发展方式，推进农业可持续发展，启动实施东北地区秸秆处理等农业绿色发展五大行动，提升农业减排固碳能力。大力研发推广防灾减灾增产、气候资源利用等农业气象灾害防御和适应新技术，完成农业气象灾害风险区划 5 000 多项。2022 年发布的中央一号文件，即《中共中央国务院关于做好 2022 年全面推进乡村振兴重点工作的意见》，在开篇的第一句话便明确指出当前气候变化挑战突出。在第二部分中特别提出要强化农业农村、水利、气象灾害监测预警体系建设，增强极端天气应对能力，加强中长期气候变化对农业影响的研究，明显加大了对于农业应对气候变化挑战的关注。因此，我国农业需要缓解极端气象灾害和不利气候条件对粮食稳产、增产的不利影响。

大气科学的发展历程

追求客观真理和知识是人的最高和永恒的目标。

——爱因斯坦

从人类文明开始，人们就在不断适应自然，认识自然规律，加深对身处的气候环境的认识。在不同的时期，人们是通过何种方式观测大气状态变化的？进入近现代，轰轰烈烈的技术革命又对大气科学的发展有哪些推动作用呢？这些问题的回答也促成了大气科学的逐渐形成。

▶▶ 古人如何观天气

现代生活中我们获取天气信息的手段越来越丰富，前一天便可预知后一天的天气变化，例如“明天我市晴，最高气温 25 摄氏度，最低气温 10 摄氏度，西南风 2～3 级"，这是电视台的一段天气播报。就现代大气科学而言，看似普通简单的几句话，背后却是庞大的外场观测、数值预报、天气会商等复杂的预报过程。那么，在没有数值模式也没有天气观测仪器的时代，人们是如何获取天气信息的？

在古代，先民们主要靠卜卦来进行天气预测。古人主要根据阴阳五行的原理，将世界万物分为阴、阳两种状态和金、木、水、火、土五种形式，依照阴阳五行的转化规律进行天气预测。在阐述大地世间万象变化的经典巨著《易经》中，也诠释了古气象学的形成。在 7500 年前的远古时期，华夏先民们主要通过狩猎获取食物，天气状况往往成为影响狩猎成果的主要因素之一，坏天气常常会使狩猎者空手而归甚至丧命。当时，有一个部落的首领叫伏羲，传说他有判断天气的能力。于是，狩猎者出门前都会向伏羲请教天气，久而久之，请教他的人越来越多，伏羲便总结气象知识，用图像来表示卦象，以便人们查看。可以说，伏羲是中国最早的气象学家。

殷商时期的殷墟甲骨文卜辞中也有天气预测和实况的记载，证实了古人主要靠占卜来研判天气。到商朝时

期，尽管仍不具备真正的天气预报能力，但商朝的先民们已经发明了测风旗和伣（qiàn，候风羽），通过在风向杆上系布条或长羽来观测风向。到春秋战国时期，逐渐形成了根据太阳在黄道上的位置划分出的二十四节气，这是我国古代先贤制定的一种指导农事的历法。后来西汉的《淮南子·天文训》也记载了二十四节气名，其名称与现代名称相同，我们现在耳熟能详的《二十四节气歌》亦是由此延续而来的（见上一章详述）。根据二十四节气和生产实践，后人总结出更多的农谚，例如"清明前后，种瓜点豆""夏至有风三伏热，重阳无雨一冬晴"等。这些农谚对长期以来的农业生产有很重要的指导作用。

在中国古人仰观俯察的天气现象中，也包括了云的变化。而且，古人也注意到，云与不同天气有着密切联系。《吕氏春秋》中就对预示着不同天气的云进行了简单分类，将云分为山云、水云、旱云和雨云。而且，现在也可以看到一些早期的云图，例如长沙马王堆3号汉墓出土的《天文气象杂占》帛书的云图，可以证明古人对云的观察。而且，后人也根据云层的薄厚、颜色等总结出了一系列天气和气象的谚语，例如"天有城堡云，地上雷雨临"，谚语对于天气预报有重要意义。

古人还根据风来观天气。例如，流传于长江中下游的谚语“东风送湿，西风干；南风吹暖，北风寒”，说明不同的风会带来冷、暖、干、湿不同的天气。春秋末期左丘明所著的《左传》中首次论述了“八风”（即八种风向），与现代气象观测学中的风向定义基本是一致的。东汉天文学家张衡发明了世界上最早的风向仪——相风铜鸟（图14），即在空旷的地上立一根五丈高的杆子，杆子上安装一只可灵活转动的铜鸟，依据铜鸟的转动方向便可确定风向。到晋代，人们将张衡的铜鸟改为木鸟，比铜鸟更加

图 14　相风铜鸟

轻盈，可以预测弱风。到唐代，李淳风第一次定出了风的等级，将风力分为八级：一级动叶，二级鸣条，三级摇枝，四级坠叶，五级折小枝，六级折大枝，七级折木、飞砂石，八级拔大树及根。这八级风，再加上“无风”及“和风”两个级，合为十级。这与现代气象观测学对风级的描述已经非常接近了，比英国的“蒲福风力等级”早一千多年。

古人也通过大气中的湿度观天气。西汉时期的哲学巨著《淮南子》记载了古人发明的天平湿度仪，“悬羽与炭而知燥湿之气，燥，故炭轻；湿，故炭重”。这是世界上有史料记载的最早的湿度计。汉代人巧妙地利用炭比羽毛吸水性强这一原理，将羽毛和干燥的炭挂在天平两端，天气干燥时炭就轻，潮湿时炭就重，这样通过观察天平的倾斜程度就能知道天气湿度的相应变化。

另外，降水是一种与人类生产生活密切相关的重要气象信息。如何对降水多少进行度量，世界几大文明古国都经历了漫长的探索过程。我国南宋数学家秦九韶所著的《数书九章》中记载了最早的测雨器，收录了计算降水量的例子，其中“天池测雨”所描述的“天池盆”已经和现代气象观测所使用的雨量筒非常接近了，而方法上则采取“平地得雨之数”来度量雨水，堪称世界上最早的雨量计量方法，为后来的雨量测定奠定了理论基础。我国南宋时期记载的测雨器比朝鲜人发明的测雨器早近 200 年。

除此之外，古人还懂得根据动物的行为来预测天气。例如，天气晴朗时早上温度低，致使空气中的水汽凝结成小水珠，挂在蜘蛛网上，通常不会下雨，由此，古人可以根据早晨蜘蛛网上是否有水珠判断出是否下雨。燕子低飞、青蛙鸣叫、蚂蚁搬家、蚯蚓出洞都是下雨的前兆。

从仰观俯察看天气的职责来说，我们现在的观天气之职责归于气象局，那么，古代也有相应的部门吗？实际上，历代观天气的事务的确一直由专门的部门负责。自秦汉时期，就已设立了钦天监这一政府部门，担负观察天象、推算节气、制定历法的职责。《后汉书·百官志》记载，汉代具体负责气象工作的是太史令，在太史令的统率下，设明堂令和灵台令各一人负责日常天文、气象的观测工作。明清时期，开始有西洋传教士在钦天监任职，例如康熙年间的汤若望、南怀仁等，都担任过钦天监的主要官员。1949 年 12 月，中华人民共和国成立了中央军委气象局，1994 年由国务院直属机构改为国务院直属事业单位，经国务院授权，承担全国气象工作的政府行政管理职能，负责全国气象工作的组织管理。

▶▶ 温度计和气压表的发明

✣✣ 温度计

从史料来看，中国人很早就确立了寒、冷、温、热等有关“温度”的概念，像“春暖花开”“天寒地冻”等词语都表达了古人对温度的感知。在温度计发明之前，古人靠经验来描述温度的高低，正如古文中的记载：

一儿曰：“我以日始出时去人近，而日中时远也。”

一儿曰：“我以日初出远，而日中时近也。”

一儿曰：“日初出大如车盖，及日中则如盘盂，此不为远者小而近者大乎？”

一儿曰：“日初出沧沧凉凉，及其日中如探汤，此不为近者热而远者凉乎？”

这是我国战国前期《列子・汤问》中记载的“两小儿辩日”的故事，关于“近者热而远者凉”的描述是关于温度的最朴素的经验性描述。

我国早在先秦时期，就出现了一种可以观察温度变化的“冰瓶”：在瓶子中装水，如果水结冰，则进入寒冬，如果冰融化，则气温回升。“冰瓶”可谓是中国最原始的一种温度计。不过古人测量温度多依靠经验，例如，魏晋南北朝时期出现的“照子”，就是窑工用于判断窑火温度高低的泥土胚胎。到宋元时期，“照子”技术更加成熟，窑工可通过观察“照子”的烧结程度，检测窑内制品在最高烧成温度下保温时间的长短。但是，上述测温方法全靠经验积累，无法准确定量地测量温度。

虽然古希腊科学家菲隆和亚历山大·希隆曾经制造过基于空气膨胀原理的测温器，但真正利用空气热胀冷缩性质的气体温度计是由意大利物理学家和数学家伽利略发明的。受“热胀冷缩原理”的启发，伽利略经过多次研制，于1593年发明了泡状玻璃管温度计。这个温度计的顶端是一个玻璃泡，与它相连的玻璃管中装着有色液体，倒置在装有水的杯子中来测量温度。但这种温度计会受到气泡内空气温度以及外界气压的影响，所以误差比较大。1612年，伽利略的同事和朋友，帕多瓦大学的生理学家、医生——桑克托里奥·桑克托留斯教授，对伽利略的气体温度计进行了改进，设计出了一种蛇状玻璃管气体温度计。它的内部有红色液体，空气膨胀时就把液体往下压，从玻璃管上刻的110个刻度便能够看出温度的变化，但主要用于测量体温，是世界上最早的体温计。

随后在1632年，法国医生、化学家兼物理学家詹·雷伊将伽利略的玻璃管倒转过来，并直接利用水而不是空气的体积变化来测量物体的冷热程度，这是第一支用水作为测温物质的温度计。但是，这种温度计的管口没有密封，会因水的蒸发而产生误差。温度计的再一次重大改进是由意大利美第奇家族的托斯卡纳大公斐迪南二世组织完成的，他组织科学家试验了多种液体后，发现酒精的热膨胀效果比较明显，同时，他们把玻璃管的上端融化封闭，最终于1654年制成了世界上第一支不受外界气压影响的温度计。然而，酒精作为测温物质依然不够完美，直到1714年，德国气象仪器制造者华伦海特发明了水银温度计。伴随温度计的不断改进，有确切历史记载的温标也种类繁多，1779年有19种，到了19世纪末，超过30种，温度计的种类更是不计其数。

随着科学技术的发展，同时为了满足不同的需求，温度计已经有了因介质材料不同、测量对象不同、用途不同、显示温度的器件不同、测量温度范围不同、指示温度的形式不同等在内的许多新品种。例如，半导体温度计、热电偶温度计、双金属温度计、液晶温度计、数字温度计、光测高温计、便于进行摄氏温度与华氏温度换算的双标温度计、可同时测量气温和空气湿度的干湿温度计、2020

年“新冠肺炎”全球大流行期间便于快速测量体温的额温计等。

✣✣ 气压表

17 世纪以前，人们认为自然界是不允许真空存在的，很多现象也是基于这一认识进行解释的。对于抽水机能抽水这一现象，当时的解释是抽水机的活塞上升后，水要立即填满活塞原来占据的空间，以此来阻止真空的形成。然而，当时却发生了一件怪事，用“不允许真空存在”这样的理论解释不通。原来，一位贵族请人在院子里打一口深井，但无论工匠们怎么努力，水上升到 10 米后就再也无法上升了，而且经反复检查，抽水机并没有机械故障。自然界“不允许真空存在”是谬论吗？或者说自然界厌恶真空是有限度的吗？

著名物理学家伽利略的学生托里拆利奉命解决这一问题，他推测大气中有压力，这才是导致抽水机无法再抽水的原因。1642 年，托里拆利为了验证大气中存在压力的推测，用水银替代水做实验。水银的密度是水的密度的 13.6 倍，在同样的压力条件下，水银上升的高度应该是水的 1/13.6。托里拆利把一支长 1.2 米、一端封闭的玻璃管灌满水银，并用手封住开口，然后倒置在水银槽

里，抽出堵住开口的手，水银柱立即降落下来，水银柱高度为 76 厘米，约为 10 米水的 1/13.6。用于这个实验的装置，其实就是世界上第一支测量大气压强的气压计。托里拆利的实验结果对大家非常有启发，因为可以用水银柱的高度测量气压。然而，当时许多人仍然不相信大气压强的存在。1654 年，德国马德堡市的市长奥托·格里克进一步证实了大气压强的存在，即我们现在所说的马德堡半球实验（图 15）。奥托·格里克和助手将直径大约 30 厘米的两个黄铜半球壳合在一起，用抽气机把球内抽成真空，用 16 匹大马在球的两边背道而驰地拉，最终才把两个半球分开。马德堡半球实验进一步证实了托里拆利的实验。

图 15　马德堡半球实验

在托里拆利实验大约20年后，法国著名数学家帕斯卡发明了水银气压计。1647年，法国数学家莱恩·笛卡儿在气压计管壁上添加了垂直刻度，用其记录气象观测值。1843年，法国科学家路辛·维蒂发明并制造了无液膜盒气压计，他用弹簧平衡代替液体来测量大气压力，弹簧在测量仪表中受压力作用而伸长。发展至今，气象观测中使用的气压表主要有液体气压表、空盒气压表和气压计、沸点气压表等。在自动气象观测站中，普遍采用电测气压传感器来测量气压，主要的气压传感器有膜盒式电容气压传感器、振筒式气压传感器、压阻式气压传感器等。

液体气压表的基本原理是，一定长度的液柱质量直接与大气压力相平衡，其常用的液体有水银、油和甘油等。液体气压表可以用任何一种液体来制造，但在气象上常用的液体气压表是水银气压表。这是由于水银具备其他液体所没有的优点：密度较大，使其与大气压力平衡时所需的水银柱高度较小，便于观测；水银在60摄氏度以下的蒸气压很小，在观测精度范围内对水银气压表示数不产生影响；水银不沾湿玻璃，凸起的弯月面易于正确判定水银面位置；水银性能稳定，洗涤和蒸馏即可满足水银气压表的观测精度。因此，气象观测中液体气压表中

的液体用水银是最优的选择。另外，对于温度不高于40摄氏度的大气，也可用油或甘油来制造气压表，例如油液气压表就可以用于大气平流层（平均为12～55千米的大气层）的探测。气象上常用的水银气压表分动槽式水银气压表和定槽式水银气压表。动槽式水银气压表的主要特点是有测定水银柱高度的固定零点，因此每次测定都需要调整水银面的高度，使其符合固定零点的位置才能读取水银柱高度。定槽式水银气压表的槽部没有调整水银面的装置，也就是说，没有固定零点，不需要调整水银面，而是采用补偿标尺刻度的方法解决零点位置的变动。另外，还有一些特殊类型的水银气压表，用于野外使用（携带方便）以及船舶站、高山站的测量[27]。

▶▶ 地球自转与信风

地球是一个围绕太阳运行、从太阳获取能量的球体。地球的自转产生了昼夜交替，地球的自转轴与其绕日公转的轨道平面形成23°26′的交角（黄赤交角），由此形成季节的交替。地球自转促成了全球大气的大规模运动以及行星风带的形成。

在讲述这个问题之前，我们先来了解一下地球表面和大气系统关于能量收支和传输过程的一些基本概念。地球的根本能量来源于太阳。相对而言，陆地的比热容大于大气，也就意味着地面吸热慢、放热也慢，而大气则吸热快、放热也快。因此，地面比大气更能有效地储存来自太阳的热量，地面温度高于近地面的大气温度。地面接收来自太阳的热量后，以热传导、对流和辐射三种方式在地表和大气之间交换热量。其中，热传导主要发生在离地面很近的空气中。对近地面空气而言，地面是一个热源，由于空气分子的热传导作用，地面上方空气温度随着高度的增加而降低。由于地表受热不均，暖区域的空气膨胀上升，冷区域的空气下沉，由此产生对流。另外，只要温度大于绝对零度，物体都能够以电磁波的形式发射和吸收能量，此谓“辐射”。辐射在地—气系统的能量传输过程中起主要作用。从发射电磁波的波长而言，地球大气上界的太阳辐射 99%以上波长为 0.15～4.00 微米，我们一般将太阳辐射叫作“短波辐射”。而对地面和大气而言，辐射波长主要集中在 4.00～120.00 微米，我们称之为“长波辐射”[1]。

总体来说，地球赤道地区接收到的太阳辐射能量最多、温度最高，而极地地区接收到的太阳辐射最少、温度最低。从纬度来看，在南、北纬 38°之间，接收到的太阳辐

射多于出射的长波热辐射，能量处于盈余状态；在北纬38°以北和南纬38°以南地区，接收到的太阳辐射少于出射的长波热辐射，能量处于亏损状态。如果我们忽略不同经度地表接收日辐射量的差异，在地球表面，赤道和极地之间太阳辐射的差异会形成显著的气压差，进而形成大气环流。1735年，英国气象学家乔治·哈德莱首先设想了一个全球空气流动的模型：赤道暖空气上升，分别向两极运动，到达极地后，又冷却下沉，汇为极地冷空气；极地冷空气在地表向赤道运动，到达赤道后，汇入赤道暖空气。如此循环，在南、北半球各自形成一个大型对流圈，高层大气向极地运动，低层大气向赤道运动。哈德莱猜想的这种单圈环流被称作"哈德莱环流"，且存在于南、北半球。然而，哈德莱当年不知道的是，这些对流达不到南、北极，而是被限制在了纬度30°以内，即低纬度环流。

在哈德莱早期提出的单圈环流中，只考虑了不同纬度接收太阳辐射的差异，即地球绕日公转特性，但没有考虑地球自转运动对环流的影响。其实，人们很早就已经观察到，北半球的风会向右偏转(顺时针方向)。15世纪，发现好望角的葡萄牙航海家巴尔托洛梅乌·迪亚士在穿越赤道后进入南半球的航程中遇到了向左偏转(逆时针方向)的逆风，当时这种现象无法得到合理解释。直到19

世纪初叶，法国科学家科里奥利对旋转系统进行了详细的动力学分析，提出了一种虚拟的假想“力”。19 世纪末，科学家们开始用这种“力”揭示气象学和海洋学的一些现象。20 世纪初将这一假想的“力”取名为“科里奥利力”。科里奥利力不是严格意义上表示一个物体对另一个物体作用的“力”，而是参照系本身的非线性运动所产生的一个虚拟的力，是一种惯性力。科里奥利力不能产生风，只能改变气流的方向。在考虑科里奥利力的情况下，“哈德莱环流”中，高层赤道暖气流会在向极地运动过程中逐渐向东偏转，在南、北纬 30°附近偏转为自西向东、平行于纬圈的气流，这时的气流不再向极地运动，而是下沉。沉降后的气流在地球表面分为两支，返回赤道的那一支在科里奥利力影响下逐渐向西偏转，形成稳定的信风，在北半球呈东北风，在南半球呈东南风，进一步，又形成了“费雷尔环流”和“极地环流”，构成了我们现在所熟知的“三圈环流”。图 16 为三圈环流、气压带和风带的分布。

地球自转作用下在北纬 30°以内形成的信风，其英文为“trade wind”，又称“贸易风”，主要源于西方古代商人们常借助信风吹送，往来于海上进行贸易，所以有时候被译作“贸易风”。400 多年前，当葡萄牙航海探险家麦哲伦带领船队第一次越过南半球的西风带向太平洋驶去的时

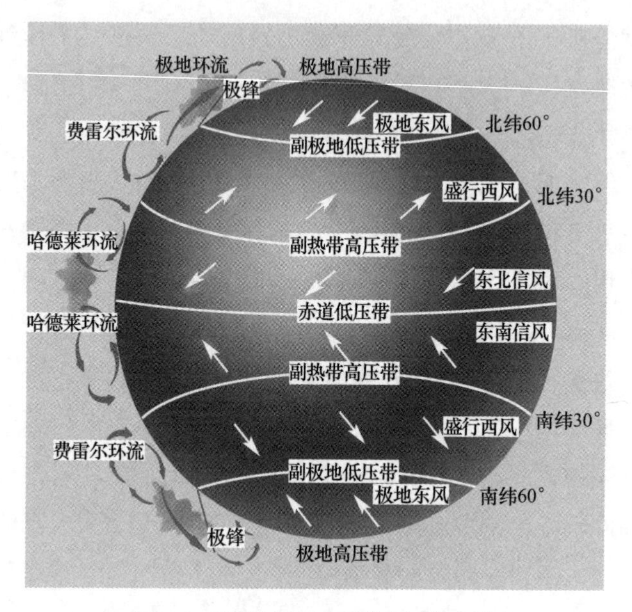

图 16　三圈环流、气压带和风带的分布

候，发现一个奇怪的现象：在长达几个月的航程中，大海显得非常顺从人意。开始，海面上一直徐徐吹着东南风，将船一直向西推行。后来，东南风渐渐减弱，大海变得非常平静。最后，船队顺利地到达亚洲的菲律宾群岛。其实，这是信风帮了他们的大忙。

由于副热带高压（南、北纬 30°附近低空空气堆积形成高气压带）在海洋上表现特别明显，终年存在，大陆上只在冬季存在。因此，热带洋面上终年盛行稳定的信风，而大陆上的信风稳定性则较差，且只发生在冬季那半年。南、北半球的信风在赤道附近低压区交汇，形成了赤道无风带。信风是一个非常稳定的系统，但也有明显的年际变化。有研究认为，东太平洋信风崩溃，可能对赤道海温上升有影响，是厄尔尼诺形成的原因。信风的增强或减弱是有规律的，厄尔尼诺发生时，信风大幅度减弱，致使赤道地区的纬向沃克环流（赤道海洋表面由于海水温度的东、西差异而产生的一种纬向热力环流）也减弱。拉尼娜现象发生时，海温下降，信风增强，沃克环流增强并向西扩展。

▶▶ 大气科学的形成

包围地球的大气层总质量只有地球质量的 120 万分之一，但它却是一切生物赖以生存的最重要的环境。从地表到 80 千米高度的大气层中，尤其是地面到 10 千米高度的大气层中，存在着各种不同尺度的运动，发生着各种物理现象和天气现象，如雾、霜、雪、雨、寒潮、台风、暴雨、冰雹、雷电等，并伴随着各种大气化学过程。因此，我们对大气中各种现象及过程的研究，是与我们的生活息息相关的。

大气科学是研究大气结构、组成、物理现象、化学反应、大气的各种现象和运动规律以及如何运用这些规律为人类服务的一门学科。大气科学是地球科学的一个组成部分，大气科学主要的研究对象是覆盖整个地球的大气圈以及大气圈与地球的水圈、岩石圈、冰雪圈和生物圈之间的相互作用。其研究内容可以概括为四个方面：一是研究地球大气的一般特性，例如，大气的组成、范围、结构等；二是研究大气现象的能量，大气现象发生、发展的能量来源、性质及其转化；三是研究大气现象的本质，即解释大气现象，研究其发生、发展的规律；四是研究如何利用这些现象预测、控制、改造自然，例如，准确预测天气和气候变化、人工影响天气、大气环境的预测和控制等。

▶▶ 技术革命对大气科学的推动

技术革命对大气科学的发展是至关重要的，反之，大气科学的每一次进步也都推动着科学技术的发展。科学技术是“历史的有力的杠杆”，是“最高意义上的革命力量”。纵观大气科学发展过程，随着信息技术革命的兴起，大气科学在新的技术影响下，其研究范围、方法等也发生了巨大变化。技术革命对大气科学产生了五次推动作用(图 17)。

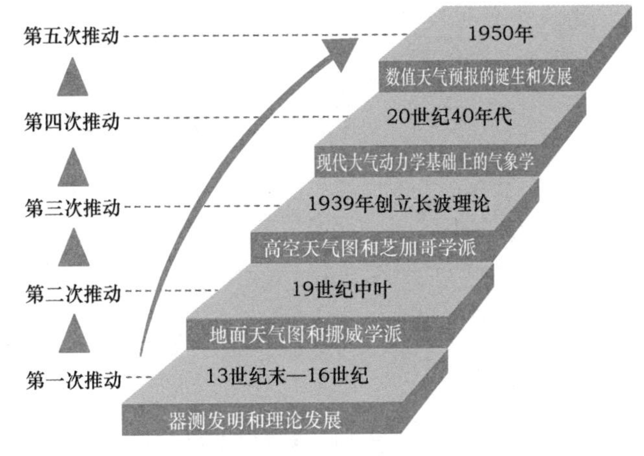

图 17　技术革命对大气科学产生了五次推动作用

第一次推动：器测发明和理论发展。经历了漫长的古代气象探索期，13 世纪末到 16 世纪，气象观测仪器相继被发明出来，标准的观测仪器、统一的度量单位、明确的记录格式的出现，改变了人类几千年来对自然现象只做定性描述的状况，使得用“量”来描述自然现象成为现实。

第二次推动：地面天气图和挪威学派。19 世纪中叶，地面气象观测网逐步建立，天气图诞生，无线电报的发明使绘制当日天气图成为可能，挪威的气象学家皮耶克尼斯创立了锋面学说，提出了著名的斜压概念和环流理论，

自此，天气学和动力气象学形成并得到发展。

第三次推动：高空天气图和芝加哥学派。伴随着高空探测技术的发展，人们获得了更多的高空气象资料，对大气的垂直结构有了真正的了解。芝加哥学派的创始人美国气象学家罗斯贝于 1939 年提出了长波动力学，创立了长波理论，在中纬度西风急流、位势涡度守恒等多个研究领域取得了开拓性和具有影响力的成就。

第四次推动：现代大气动力学基础上的气象学。20 世纪 40 年代，随着以遥感和计算机技术为代表的新技术的出现，大气科学获得了迅速发展。人们逐渐认识到大气运动的复杂性，它包含小到湍流微团，大到横跨整个半球的超长波等各种尺度的大气运动，也认识到地球上的大气无时无刻不受地球引力、离心力、气压梯度力、地转偏向力和摩擦力这五大作用力的影响。

第五次推动：数值天气预报的诞生和发展。1950 年，美国科学家冯·诺依曼和查尼等在世界上第一台通用电子计算机上首次成功地计算出历史上第一张数值天气预报图，成为数值天气预报发展过程中的里程碑。

大气科学概述

工欲善其事，必先利其器。

——孔子

大气科学通过理论分析、数值模拟以及实验观测，不仅研究大气状态及其变化规律、成因，还研究大气与海洋、陆地、冰雪和生物圈相互作用的动力、物理和化学过程。其主要分支学科有大气探测学、天气学、动力气象学、气候学、大气物理学、大气环境学、大气化学和应用气象学等。

▶▶ 大气科学的定义

大气科学的研究对象是大气，然而，地球大气并不是亘古不变的，而是在地球内部和外部因素的共同作用下

处于不断的演化中。大气科学这一学科也在对大气现象和规律的不断探索中逐渐走向成熟。大气科学的定义和研究范畴与人类社会生产力的发展、科学技术的进步和人类日益增长的需求密不可分。

自地球诞生至今，包裹其周围的大气也在不断地“成长”，经历了漫长的演化过程，因此，针对不同阶段的大气，大气科学研究的问题亦有不同。在地球诞生的初期，包裹其周围的大气以宇宙中的轻物质——氢气、氦气和一氧化碳为主。之后，通过地球造山运动和火山喷发，形成以二氧化碳、甲烷、氨气和水汽等为主的地球大气。在地球大气漫长的演化过程中，氧的浓度非常关键，生物圈对大气的进一步“成长”起到了关键作用。大约 30 亿年前，地球大气中并没有氧气，地球处于一个无氧环境中，为了躲避太阳紫外辐射的伤害同时又能获得太阳光进行光合作用，一些低级厌氧生物生活在海洋表层以下 10 米处。靠这些厌氧生物制造的氧气，大约到距今 6 亿年时，地球大气中的氧气浓度达到了现在的 1%，也被称作生物发展史上的第一关键浓度。随着大气高层臭氧的增加，生物逐渐“浮出水面”并“登陆”，大气中的氧气浓度逐渐上升。大约 4 亿年前，地球大气中的氧气浓度达到现在的 10%。与此同时，大气中的二氧化碳浓度则逐渐降低，从 3 亿年前的 3 000 ppmv(体积比,百万分之一)下降到 280 ppmv。此后,随着大气与生物、海洋、陆地等其他圈层的不断相互作用,才形成了地球生物赖以生存的大气环境[1]。大气如同地球的一件“保暖衣”,为地球生物保温。地球大气的特性和运动规律关系到人类生活和生产的安全;反过来,人类在生产和生活过程中,也通过各种途径影响着地球大气和环境。

如何认识大气中的各种现象,如何准确预报和预测未来天气变化,并对灾害性天气进行有效应对,减少其对社会经济和人民生命财产造成的损失,是人类自古以来一直不断探索的领域。从人类文明开始到 16 世纪,人类对于大气科学的认知由少到多地不断深入,但当时的生产力和科学水平十分有限,对大气的各种认识都是碎片式的,而且没有完整的观测事实用来证实各种推测,当时还未形成系统的大气科学。

17 世纪至 19 世纪初,大气科学逐步建立。在这一时期,随着资本主义生产方式的出现、航海业的兴起,天文学和物理学取得突破性进展,陆续出现了测量大气的仪器,也有条件开展大量观测实验,为大气科学的理论研究提供了契机。在这一时期,流体的概念、牛顿的力学三大定律和微积分学为动力气象学提供了理论基础。1743 年

法国数学家达朗贝尔把数学方法引入了气象学研究中，这对用数学方程式来表示大气运动具有启发作用；1752 年瑞士数学家和物理学家欧拉提出反映质量守恒的连续方程，1755 年他又提出理想流体动力学方程组，初步形成了流体力学方程组的基础。此后，大气静力学方程、科里奥利力和热力学第一定律相继被发现，并被引入流体力学方程组，为大气动力方程组的完备性奠定了基础。

19 世纪初—20 世纪 40 年代，大气科学的分支学科逐步形成。1820 年，德国的布兰德斯利用《巴拉丁气象学会杂志》刊载的气象观测资料，将 1783 年各地同一时刻的气压和风的记录填在地图上，诞生了世界上第一张天气图，也标志着近代气象学的诞生。随后，天气学、动力气象学、气候和云降水物理学等分支学科相继形成。第二次世界大战后，以遥感技术和计算机技术为代表的新技术迅速发展。从 20 世纪 50 年代开始，这些新技术被引进大气科学领域。从此，大气科学在探测手段、通信方式、天气预报、气候分析、实验研究、人工影响天气、分支学科的发展和国际合作等各方面，都有了突飞猛进的发展。

经历漫长的发展历程后，如今，大气科学已经形成完整的学科体系，具备更加丰富的学科内涵。从定义上来看，大气科学不仅是指研究大气状态及其变化规律、成因的一门科学，而且也是研究大气与海洋、陆地、冰雪和生物圈相互作用的动力、物理和化学过程的一门综合性科学。

▶▶ 大气科学的研究内容

大气科学是地球科学的一个重要组成部分，其研究对象主要是覆盖整个地球的大气圈，除此之外，也研究太阳系其他行星的大气。随着科学技术和生产力的迅速发展，大气科学在国民经济和社会生活中的作用日益显著，其研究领域也逐渐扩展。大气科学主要研究大气的组成及演化、垂直方向的大气分层、大气中的辐射过程、大气中的动力过程、云降水物理等方面的内容[1]。

✣✣ 大气的组成及演化

如今的地球大气主要以氮气、氧气、氩气为主，它们占大气总体积的99.96%。二氧化碳、甲烷、一氧化碳、臭氧、水汽等其他气体共占0.04%。另外，大气中还悬浮着水滴、冰晶、尘埃、孢子、花粉等液态或固态微粒。实际上，地球并不是在其诞生之初就拥有这样的大气组成，而是经历了46亿年的演化才形成了如今的状态。地球大气经历了三个重要的演化阶段，相对应的大气称作原始大气、次生大气和现代大气。距今约46亿年前，随着地球的诞生，形成了最初的地球原始大气，主要以一氧化碳、氢气等轻物质为主，这些轻物质不断逃逸出地球，导致距今45亿年左右的地球几乎没有大气。之后，地球表面温度降低，但地球内部能量高，且封存了大量物质。随着地球内部能量通过火山喷发活动向外释放，大量封存在地球内部的气体也被释放进入大气，主要是水汽和二氧化碳为主的气体，形成了次生大气，也称作“还原大气”。海洋、陆地、生物等其他圈层与大气圈之间的相互作用，尤其是古生物圈的演化，造就了现代大气。工业革命以来，随着人类活动的加剧，大气中的二氧化碳、甲烷等温室气体浓度增加，也出现了工业革命前不曾有过的氟氯烃等人造温室气体，对全球气候变暖影响很大。除了温室气体的增加，人类活动还导致大气中的颗粒物浓度升高，尤其是细颗粒物浓度增加。地球大气组成的变化，对地球生物的生存环境有着重要影响。

✣✣ 垂直方向的大气分层

从地球表面到高层，大气的密度、温度、压力、组分和电磁特性等都随高度而变化，具有多层次的结构特征。大气的密度和压力一般随高度增加按指数规律递减，温度、组分和电磁特性随高度的变化不同，按各自的变化特征可分为若干层次。大气科学中，一般根据大气的温度结构将其进行垂直分层。按照温度随高度的变化特征，从地表向上的大气依次分为对流层、平流层、中间层和热层。对流层是指地表至大约 12 千米高度的大气层，随纬度不同其高度存在差异；该层内温度随高度的增加而降低，高度每升高 100 米，温度下降约 0.65 摄氏度，并在对流层顶温度降到最小值。对流层大气中对流运动显著，几乎集中了所有的天气现象。平流层位于对流层至 55 千米高度之间，该层内温度随高度的增加而增加，这一温度结构主要是由于该层存在臭氧高值区，臭氧层可吸收大部分太阳紫外辐射，对平流层温度结构有重要影响；平流层大气温度层结非常稳定，天气现象较少。中间层位于平流层之上，中间层顶离地表约 85 千米，该层内温度随高度增加而下降。热层位于中间层之上，热层顶离地表约 500 千米，该层大气由于吸收太阳紫外辐射，温度随高度增加而上升。热层顶以上为外逸层，大气已极稀薄。

✣✣ 大气中的辐射过程

地球的根本能量来源是太阳。太阳辐射能量的 99％以上集中在 0.15～4.0 微米波段，其中 50％的能量在可见光区（0.40～0.70 微米）。太阳辐射从大气顶入射进入

大气后，由于气体分子及颗粒物的散射、云的反射及地表的反射作用，大约30％的能量被返回到宇宙空间，剩余的70％能量则进入大气，其中地面吸收22％，大气吸收20％。入射太阳辐射中的紫外部分（波长小于0.40微米）几乎全部被大气中的臭氧和氧分子吸收，这也是形成平流层温度结构的重要原因。二氧化碳、甲烷等都是重要的温室气体，能够吸收地表反射的长波辐射（4.00～120.00微米），减少了从大气顶出去的长波辐射，进而对地—气系统起到保温作用。

✣✣ 大气中的动力过程

地球大气可以看作是一种连续介质，能够利用流体动力学和热力学定律研究地球大气中发生的运动。然而，地球大气又不同于一般的连续介质，使得地球大气的运动具有独有的特征。首先，由于地球的自转，会带来一个虚拟的科里奥利力，简称“科氏力”，这个力对地球大气的运动非常重要。其次，在不同的空间，尤其是不同的高度，地球大气的密度差异很大，也就是说，地球大气具有密度层结特征。另外，由于不同区域地表特征的不同，不同区域接收的太阳辐射能量具有差异性，决定了空间上的非均匀加热，导致接收热量多的区域热空气上升，由于空气的连续性，产生上升气流的区域必须由周围空气来补充，由此形成各种各样的环流运动。地球大气，存在着多种不同时间和空间尺度的运动，由此也形成不同的天气和气候现象。

✣✣ 云降水物理过程

成云致雨要经过一系列复杂的微物理过程，包括凝结核化过程、冰相生成过程、凝结（凝华）增长过程、重力碰并过程、冰晶过程等。湿空气上升膨胀冷却，水汽达到饱和，并在一些吸湿性强的云凝结核上凝结，形成初始云滴的凝结核化过程。云中的过冷水滴或水汽，在冰核上凝结或凝华以及在 0 摄氏度以下，自然冻结成初始冰晶胚胎，此为冰相生成过程。水汽在略高于饱和的条件下，在云滴（冰晶）上进一步凝结（凝华），使云滴（冰晶）长大，这是凝结（凝华）增长过程。云内尺度较大的云滴，在下落过程中与较小的云滴碰并而长大，称作重力碰并过程。冰晶和过冷水滴同时存在时，由于过冷水滴的饱和水汽压比冰面的大，造成过冷水滴逐渐蒸发，而冰晶则由于水汽的凝华而逐渐长大，这一过程就是冰晶过程，也叫贝吉龙过程。对于云和降水粒子形成、增长和转化规律的认识，主要是从理论研究和可控条件下的实验中得到的。实际上，自然界中云的环境和相应的微物理过程十分复杂，加上观测困难，对云降水物理过程的认识还需要进一

步深入，是未来投身大气科学研究的学子需要重点关注的科学问题之一。

▶▶ 大气科学的研究方法

大气科学是一门理论与实践相结合的学科，主要的研究方法包括观测、分析诊断以及数值模拟[28]。

❖❖ 观测

物理、化学等学科主要在实验室进行研究，但大气科学的研究对象是广袤无边的地球大气，因此，进行大气观测的天然场所就是实际的大气环境。大气科学的发展与观测技术的发展密不可分。16 世纪末到 17 世纪中期，气象观测仪器（例如温度计、气压表、雨量器）相继发明，天气变化得以定量记录。17 世纪中期以后，随着航海事业的发展，气象观测仪器得到大量应用。1860 年前后，无线电报的发展使世界各地观测的气象信息能够迅速集中和传递，形成了地面观测网，奠定了近代大气科学的基础。1928 年，无线电探空仪的发明促进了高空观测网的建立，由此也出现了高空天气图，为罗斯贝波和准地转理论提供了观测事实，奠定了近代大气环流理论和大尺度动力学的基础。20 世纪 60 年代以后，气象卫星的发射成功以及更新换代，使得气象观测由点扩展到了面，大大提高了天气预报的准确率，也促进了大气遥感、卫星气象学、大气辐射和大气光学的发展。从 20 世纪 90 年代开始，随着空间和地面遥感以及气象信息系统的高度发展，包括多种观测手段的三维空间连续监测大气变化的全球大气探测系统（图 18）逐渐形成。

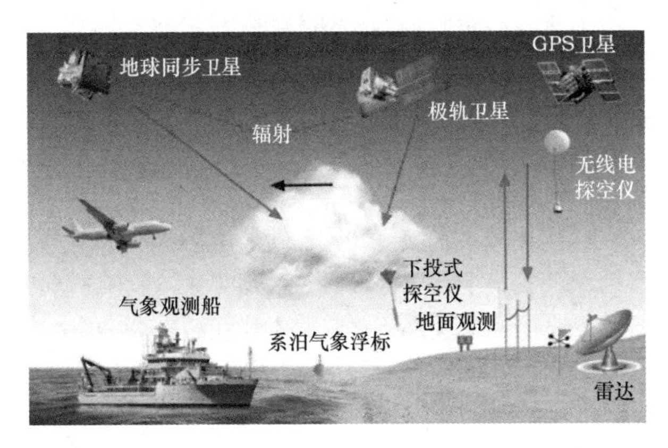

图 18　三维空间连续监测大气变化的全球大气探测系统

✣✣ 分析诊断

尽管在全球范围建立了观测网，但观测站的空间分布很不均匀，主要集中在陆地，而在海洋、高海拔和寒冷地区等自然条件恶劣的地方，观测站点稀少。而且，世界气象组织（WMO）规定，一般高空气象观测全球统一在格

林尼治时间00时和12时（北京时间08时和20时）实施观测，地面气象观测一般每隔6小时或3小时观测一次。因此，从空间和时间上来说，全球气象观测资料是高度不连续的。对全球同时观测获取的气象资料，把同一个时间观测的地面和高空各气象要素分别填写在地面和高空图上，通常称作"地面和高空天气图"。然而，由于海洋、高海拔地区缺少定时的观测资料，需要将飞机、气象卫星等对这些地区观测的非定时气象资料通过一定的分析技术引用到日常天气预报中，用以弥补定时观测在海洋和高原上缺少资料的不足。为了研究地球大气中的各种现象产生的原因和变化规律，需要对上述观测值进行分析，并利用相关分析、动力诊断方法等现代统计和物理方法来诊断这些要素变化的规律，这就是分析诊断，是大气科学最基本的研究方法。

✣✣ 数值模拟

随着电子计算机的出现和迅速发展，针对大气科学无法在实验室做实验的特点，电子计算机发挥了巨大作用。研究中，可以用计算机语言描述大气运动方程组进而建立数值模式，通过改变模式的物理因子或初始场结构，或改变模式边界条件，进而模拟大气状态及其变化，还可以预测大气的未来变化。利用电子计算机，可以对大气的变化进行各种实验，而且这种方法具有很多优点，主要有：能够同时处理大气中动力、热力学过程以及初始条件和边界条件；可以克服非线性处理的困难；可以定量讨论大气环流的变化；可以人为地改变各种动力、热力过程；用电子计算机计算这些动力、热力过程改变对大气环流的影响，可以计算出无法用仪器直接观测的物理量。正是由于数值模式有以上优点，20 世纪 60 年代，一些科技先进的国家开始发展大气环流数值模拟。随着20 世纪 80 年代高速计算机的发展，国际上大气环流和气候数值模拟取得了重要进展。如今，大气环流数值模拟不仅是一种大气科学重要的现代化实验手段，而且已经发展成为大气科学的一门重要的分支学科。

▶▶ 大气科学的主要分支学科

大气科学是一门分支学科众多的综合性学科，其主要分支学科有大气探测学、天气学、动力气象学、气候学、大气物理学、大气环境学、大气化学和应用气象学等[29]。

✣✣ 大气探测学

大气探测学主要研究探测地球大气中各种现象的方法和手段，包括各种大气要素的观测仪器及其使用方法，

常规大气观测仪器的原理、构造与观测方法,地基遥感与空基遥感仪器的原理、构造和观测方法等。按探测范围和探测手段,大气探测有地面气象观测、高空气象观测、大气遥感、气象雷达、气象卫星等次级分支。探测手段的飞跃发展往往带来难以预计的重大发现,在大气科学的发展进程中,大气探测学起了十分重要的作用。

✣✣ 天气学

天气学是研究大气中各种天气系统和天气现象发生、发展的规律,以及如何应用这些规律来制作天气预报的学科,包括气旋、反气旋、副热带高压、阻塞高压和西风带槽脊等天气系统的特征、演变规律;台风、暴雨、寒潮、雷暴、龙卷风等天气现象的特征、变化规律,以及它们的成因、预报原理和方法。天气学研究的成果,不但为大气科学提供丰富的研究课题,还直接服务于国民经济。

✣✣ 动力气象学

动力气象学是一门应用物理学和流体力学定律及数学方法,研究大气运动的动力和热力过程及其相互关系的学科。有的国家也称作大气动力学,它主要研究控制大气运动的基本动力、热力方程组,大气中动力、热力过程的基本问题,大气中各种空间尺度运动的物理机制等。

其研究内容主要包括大气热力学、大气动力学、大气环流、大气湍流、数值天气预报和数值模拟等。动力气象学的发展对更深刻地认识大气运动的机理，掌握天气和气候变化的规律有十分重要的作用，它是大气科学的理论基础学科。

✣✣ 气候学

气候学是一门研究气候的特征、形成和演变以及气候同人类活动相互关系的学科。其研究内容主要包括气候特征、气候分类、气候区划、气候成因、气候变化、气候及人类活动的关系、气候预测和应用气候等。电子计算机的发展，促进了对气候变化物理因子和气候模拟的研究，气候预测已不再是虚无缥缈的难题，而是一个具有战略意义的课题了。

✣✣ 大气物理学

大气物理学主要研究大气各层(对流层、平流层、中间层、热层等)的结构与成分，大气中所发生的声、光、电、雾、霜、雪、雨等物理现象及机理，大气热力学原理以及人工局部影响大气中物理现象的原理。大气物理学也是大气科学中的理论基础学科。

✣✣ 大气环境学

大气环境学主要研究大气组分（组成大气的气体和气溶胶粒子）的物理和化学特性、迁移转化规律以及它们与人类活动、气象和生态系统之间的相互影响，主要包括大气环境状态及其演化规律、大气环境污染及其控制、大气环境评价和管理等研究内容。

✣✣ 大气化学

大气化学是一门研究大气组成和大气化学过程的学科，包括大气温室气体和痕量气体、气溶胶的化学过程及其气候效应，在大气、海洋中化学物质的循环过程以及它们对全球气候的影响。

✣✣ 应用气象学

应用气象学主要研究天气学和气候学在工农业、交通运输、水文、医疗等领域的应用以及天气、气候灾害对工农业、交通运输和国民经济的影响。该分支学科是将气象学的原理、方法和成果应用于农业、水文、航海、航空、军事、医疗等方面，同各个专业学科相结合而形成的学科，也是充分开发利用气候资源的重要领域。

大气科学的各个分支学科彼此不是孤立的，例如，天气学和气候学及动力气象学相结合，产生了天气动力学和物理动力气候学。探测手段的不断革新和痕量化学分析技术的发展，推动了对大气物理和化学性质的分析研究，促进了大气化学的发展。尤其是大气中二氧化碳和甲烷等微量气体对气候的影响日益显著，以及大气污染问题的出现，不仅使人们更加深刻地认识到大气化学在大气科学中的重要性，更认识到大气化学过程和大气物理过程的相互作用，从而促进了这两个分支学科的相互结合。

人类生产和生活的发展，将不断提出新的问题和需求，推动大气科学新理论和新分支的发展。大气科学新的发展必将提高它为人们生产和生活服务的能力，如提高天气和气候预报的准确率，为开发利用气象资源和制定经济政策提供更加可靠的科学依据等，其创造的经济效益和社会效益将不可估量。

▶▶ 大气科学与其他学科的关系

大气科学在很长的历史发展过程中，先是以天气学、气候学、大气的热力学和动力学问题，以及大气中的物理现象和比较一般的化学现象等为主要研究内容，传统上

称之为“气象学”。随着现代科学技术在气象学中的应用，其研究范畴日益扩展，大气科学的应用日益广泛，这大大扩充了传统气象学的研究内容。

大气科学依据物理学和化学的基本原理，运用各种技术手段和数学工具，研究大气的物理和化学特性、大气运动的各种能量及其转换过程、各种天气气候现象及其演变过程、天气以及其他现象的预报方法、影响某些天气过程的技术措施、大气现象的各种信息的观测和获取以及传递的方法和手段等。大气科学是同许多学科相互渗透、相互借鉴的。例如，我们研究大气运动，需同流体力学、热力学、数学密切合作；研究太阳辐射以及太阳扰动在大气中引起的各种现象，需同高层大气物理学、太阳物理学和空间物理学密切合作；研究水循环、海洋和大气的相互作用，需同水文科学、海洋科学密切合作；研究地球大气的演化、地球气候的演变，需同地球化学、地质学、冰川学、海洋科学、生物学和生态学密切合作；研究大气化学、大气污染，需同化学、物理学、生物学和生态学密切合作；研究大气问题的数值模拟、数值天气预报等，需同计算数学等密切合作；研究大气探测的手段和方法，需同有关的技术科学密切合作；在大气探测、天气预报等自动化的进程中，大气科学还不断同信息理论、系统工程等科学技术领域密切合作。在相互合作和相互渗透的过程中，大气科学不断汲取其他学科的养料;大气科学特定的需求又不断为其他学科开辟新的研究前沿,不断丰富着其他学科的内容。

发展至今,大气科学的研究范畴逐渐扩展,主要包括地球大气圈以及陆地、海洋、冰雪、生态系统,人类活动相互作用的动力、物理、化学过程及其机理。由于人类的生产和生活活动离不开大气,因此,大气科学不仅在自然科学中具有重要地位,而且在国家经济规划、防灾减灾、环境保护和国防建设中的作用日益重要。未来发展过程中,随着社会经济和国计民生的发展需要,大气科学也将与更多的学科进行融合,进一步促进交叉学科的发展。

如何观测天气

仰以观于天文，俯以察于地理，是故知幽明之故。

——《周易》

▶▶ 观云识天气

“天上的云从西边一直烧到东边，红彤彤的，好像是天空着了火。

……一会儿，天空出现一匹马，马头向南，马尾向西。马是跪着的，像等人骑上它的背，它才站起来似的。过了两三秒钟，那匹马大起来了，腿伸开了，脖子也长了，尾巴却不见了。看的人正在寻找马尾巴，那匹马变模糊了。”

这是现代文学作品《呼兰河传》中的一段文字，选编在我国语文课本中，被命名为《火烧云》。这篇文学作品描述的是大自然中高度较低的云，常常在日出或日落时被染成红色，所以叫"火烧云"。

人们对大自然中云的描述，大多借助于个人想象力，正如《火烧云》中，作者把云比喻成跪着的马、凶猛的狗、威武的雄狮之类的，云的样子"又像这个，又像那个，其实什么也不像"。长期以来，自然科学界的学者一直尝试对云进行分类和命名，但云的形态和结构不断变化，所以很难对云进行分类和命名。英国的一名药剂师卢克·霍华德从小也喜欢看云卷云舒、白云苍狗。霍华德根据他对云的多年观察发现，虽然云的形状各不相同，但基本形状只有几种。1802 年，霍华德创造性地提出了一套云的分类方法，他用拉丁文为云命名，将云分成了三种类型：卷云、积云与层云。随后又将具有复合形态的云划分为四种类型：卷积云、卷层云、积层云和雨层云。霍华德的分类方法我们沿用至今。

1820 年，英国诗人珀西·比希·雪莱在他的 84 行诗《云》中描述了霍华德划分的各种云独特而多变的特性。雪莱的诗中将低空的层云写为"从我的翅膀上摇落下露珠，去唤醒每一朵香甜的蓓蕾"；将高空的卷积云描述为

“当我撑大我那风造帐篷上的裂缝，直到宁静的江湖海洋，仿佛是穿过我落下去的一片片天空，都嵌上这些星星和月亮”；还将积雨云写作“我挥动冰雹的枷，把绿色的原野捶打得犹如银装素裹，再用雨水把冰雪消融”。雪莱诗意的语言也将各种类型云的特征描述得惟妙惟肖，更将其与人的观感融合在一起。

从概念上来看，云是悬浮在空气中大量微小水滴或冰晶的集合体，底部不接触地面。当空气达到饱和时(即相对湿度达到100%)，天空中就会形成云。云就像天空的日记，通过云我们可以了解天气变化。云具有三维立体结构，云底高度直接决定了云属于哪一族。一般而言，把云底高度在2 000米以下的云称为低云(雨层云、积云和积雨云等)，云底高度为2 500～3 000米的是中云(高层云、高积云等)，云底高度在5 000米以上的则是高云(卷云、卷积云和卷层云等)(图19)。需要注意的是，这里的云底高度指的是云距离地面的高度，而不是海拔高度。

卷积云是小圆块的云朵，一个一个地累积叠加起来，看起来类似波纹的样子，所以大家也将这样的天气称作“鱼鳞天”，代表着好天气。高积云与卷积云很类似，大体区别就是高积云的范围更大，云朵更厚，而且看起来有些暗，同样预示着好天气。积雨云，通常出现在低空中，云

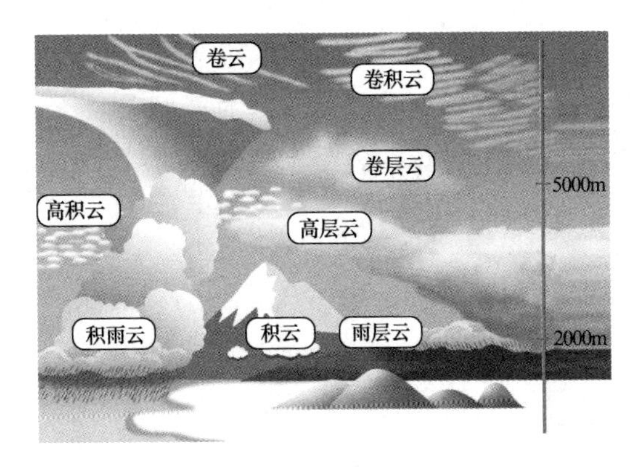

图 19　云的主要类型

的颜色暗沉，塔状云层的高度可达 6 000 米以上。出现积雨云通常意味着大雨、强风、闪电和雷鸣的到来。积云是天空中出现很频繁的云朵，看起来蓬松、洁白，像一团一团棉花漂浮在天空中。积云如果是一朵一朵分开的，那么代表好天气；如果一片一片连在一起出现的话，预示着有一场突来的暴雨。高层云在太阳光或者月光的照耀下，如同灰蒙蒙的布帘，所到之处只能看到模糊的影子，如果云层越来越厚、越来越暗，那就预示着要下雨了。雨层云是一种低空中的云，颜色灰暗，如果一直笼罩在天空中不动的话，一般不超过 5 个小时就会下雨。卷层云是由冰粒子构成的，是唯一会在太阳或月亮旁产生光晕的云。卷层云不断扩展是晴天，卷层云变小则预示着要下

雨了。卷云属于高云族，由细小且稀疏的冰晶组成，故洁白而亮泽，常呈现丝缕结构。卷云因为云层太高，即使生成小水滴，下降过程中很容易蒸发，不会抵达地面，因此，卷云的出现象征一整天都会是晴朗的天气。

可见，不同类型的云预示着不同的天气状况。就前面提到的火烧云来说，若傍晚云量减少并出现了红色晚霞（由夕阳光散射所致），预示着未来当地天气晴好，故有“晚霞行千里”之说，也因此有“傍晚火烧云，来日天气晴”的谚语。若早晨出现“火烧云”，随着太阳升高，地面受热，热对流发展，形成对流云，午后到傍晚再发展为积雨云，则很有可能出现雷阵雨天气，故有“早上火烧云，午后一阵雨”的说法。

▶▶ 地面气象观测网

气象观测网的建立是气象工作和大气科学发展的基础。由于大气现象及其物理过程的变化较快，影响因子复杂，除了大气本身各种尺度运动之间的相互作用外，太阳、海洋和地表状况等都影响着大气的运动。虽然在一定简化条件下，研究者对大气运动做了不少数值模拟研究，但组织局地或全球的气象观测网，获取完整准确的观测资料，仍是大气科学理论研究的主要途径。历史上的气团、锋面、气旋和大气长波等重大理论的建立，都是在气象观测提供新资料的基础上实现的。因此，不断引入其他科学领域的新技术成果，改进气象观测系统，是发展大气科学的重要措施。

世界上第一个气象观测站建于 1653 年，是由意大利的斐迪南二世在意人利北部的佛罗伦萨建立的。同年，斐迪南二世领导建立了一个包括 10 个观测站的欧洲气象观测网，观测一直持续到 1667 年。1717 年，德国医生卡诺尔德组织了国际性气象观测网。18 世纪 80 年代，德国气象学家哈默尔组建了由欧洲、北美洲和西伯利亚共 20 个国家和地区的 57 个气象观测站构成的观测网，统一了仪器、规范、观测时次和记录格式。1748 年，英国的威尔逊等人开始用风筝携带温度计观测低空温度。1783 年，法国的查理第一次用氢气球携带温度计、气压表等自记录气象仪器测量高空大气的温度和气压等。1928 年，苏联莫尔恰诺夫发明无线电探空仪，探测高度可达 30 千米。1941—1942 年，出现了专门的云雨雷达。20 世纪 60 年代以来，声雷达、激光雷达、风廓线雷达、微波辐射计的研制与实验成功，极大地拓展了获取三维空间气象信息的手段。气象观测网的建立和逐渐扩大，观测项目、观测

时间和记录格式的逐步统一，对于大气科学研究具有非常重要的意义[30]。

在中国，早在18世纪，西方传教士就开始在北京建立测候所。辛亥革命以后，中华民国政府于1912年在北京建立了中国自己的气象台——中央观象台。此后，中华民国政府有关部门、院校逐步在各地建立测候所、气象台。1945年，中国共产党在延安建立了解放区的第一个气象台，在东北、华北解放区也相继建立了一些气象台（站）。1949年中华人民共和国成立后，气象台（站）建设进入了一个崭新的历史时期。1999年7月，我国引进芬兰的自动气象站投入业务运行，这是我国首次将自动气象站资料作为正式观测资料使用，成为我国地面气象观测的一个新的里程碑。截至2021年我国有近7万个地面气象观测站，覆盖全国所有乡镇，形成了全球最大的综合气象观测网。2022年5月4日，我国科考队员成功在珠穆朗玛峰北坡海拔8 830米处成功架设海拔最高气象站。

常规的气象观测包括地面观测和高空观测。地面气象观测按其不同的内容和用途，可分为天气观测、气候观测、专业观测和专项观测等。

天气观测主要为天气分析和天气预报提供气象资料，按其作用不同，又分为基本天气观测、辅助天气观测和补充天气观测三种。基本天气观测按世界气象组织统一规定的观测时次和项目进行，为日常天气预报绘制地面天气图提供气象资料；观测时次为世界时 00、06、12、18 时（相当于北京时间 08、14、20、02 时）；观测项目为气压、气温、湿度以及过去 1 小时的风向、风速、水平能见度、降水量、地面状况和特殊大气现象等。海上船舶天气观测还要测定船的航向、航速、海水温度，波浪的方向、周期和浪高，海冰和海上特殊现象等。观测结果经记录和计算，编成电码，在规定时次的正点后 10 分钟内发出测报。辅助天气观测是为绘制辅助天气图提供气象情报进行的观测，观测时次为世界时 03、09、15、21 时（相当于北京时间 11、17、23、05 时）；其观测项目与基本天气观测大体相同。补充天气观测是在以上两类观测的时次之间，为了更及时地观测天气的变化，或满足某些特殊需要而进行的观测，其具体观测时次及观测项目按需要而定。

气候观测主要是为气候分析研究积累资料而进行的观测，其观测时次和项目由各国自定。中国气象部门规定：气候观测时次与基本天气观测一致，观测项目与天气

观测类似，另增加日照时数、各层土壤温度、蒸发量和积雪等观测项目。

专业观测指适应各专业需要而进行的观测，例如农业气象观测、林业气象观测、水文气象观测、航空气象观测等。专业观测的时次、项目都按各专业服务的要求而定。如农业气象站通常都加测各层土壤湿度、作物发育期和物候现象；航空气象观测要求着重对能见度、低云云高、低层风向、风速以及雾、雷暴等危险天气现象进行观测；水文气象观测则着重对降水、蒸发等进行观测。

专项观测指采用一些专门的设备，分别对云雾物理、辐射、大气臭氧、大气污染等进行的观测，其观测项目（单项或多项）、时间、方法和设备，均按不同需要而定。例如，辐射观测包括连续记录太阳总辐射和天空辐射，定时测量直接太阳辐射，记录日照时数等。

除了地面观测外，还有常规的高空气象观测，主要是借助仪器对自由大气中各高度的气象状况进行观测。常规高空气象观测项目包括空气温度、湿度、气压和风等，主要的观测工具有无线电探空仪和测风气球。

气象观测记录和基于此编发的气象情报，可为天气预报提供日常资料。除此之外，气象观测的长期积累和统计，可为建立气候资料集提供数据基础，也可为农业、林业、工业、交通、军事、水文、医疗卫生和环境保护等部门提供决策依据。

▶▶ 飞机观测与地面遥感

✣✣ 飞机观测

飞机观测是利用飞机携载气象仪器对大气进行探测。飞机观测可为日常天气分析预报和气象实验活动提供探测数据，尤其是在海洋等气象台（站）稀少的地区，飞机观测发挥的作用更为明显。气象飞机的机种主要根据任务性质来选择，可分为有人驾驶飞机和无人驾驶飞机。有人驾驶飞机主要通过机载气象探测设备获取气象要素；无人驾驶飞机则是一种可控制、可回收的遥感探空系统，具有自动导航和自动驾驶功能，通过携载气象仪器进行专业探测。

可实施飞机观测的项目有很多，主要包括：温度、压力、湿度、风等常规气象要素，云、雾、降水物理参数（凝结核、云雨滴谱、雹谱等），大气湍流、大气电以及大气的气体成分和气溶胶，数百千米范围内的云、雨、风、湍流，地面、海面和云体温度，飞行高度以下的大气温度、压力、湿度、风的垂直分布，等等。随着技术的发展，如今的气象飞机探测已高度自动化[31]。

飞机气象观测资料是快速更新同化系统中除雷达、地面站之外最重要的观测资料源。飞机获得的观测数据主要用于资料同化，数值模拟中同化飞机气象观测资料，有助于提高 3 至 12 小时短时临近天气预报的准确率。此外，飞机气象观测资料的引入还可以提高大尺度的短期和中期天气预报能力，提高海洋上空的高层风场预报能力，在探空资料稀疏的地区效果更加明显。

✣✣ 地面遥感

地面遥感是指传感器设置在地面平台(例如车载、船载、手提、固定或活动高架平台等)上进行观测。地面遥感起始于微波气象雷达的应用。20 世纪 60 年代以来，随着卫星遥感技术的发展，地面遥感也获得了迅速发展。地面遥感主要包括天气雷达、地面遥感探测系统、激光雷达及声学遥感等。

在天气雷达的发展中，微波雷达，特别是微波多普勒雷达，在监测强风暴的发生和发展、危险天气的预警、降水量观测等方面都有重要应用。天气雷达的发展，经历了从回波描述到定量探测，从单部雷达探测到雷达组网，以及多普勒雷达从研究发展到投入业务应用的几个阶段。同时，为了适应研究的需要，出现了很多雷达新技术，一些新的雷达也相继诞生，例如快速扫描相控阵多普勒雷达、多极化雷达、毫米波多普勒雷达、多普勒测风雷达等，这些应用新探测技术的雷达在研究风场、大气湍流、大气和边界层结构、雷暴等方面很有优势。天气雷达的发展，不仅提升了对强对流等灾害性天气的识别和监测能力，而且对不同学科的研究有重要的推动作用。

20 世纪 60 年代，大气科学中开始形成地面综合遥感的思路，期望基于地面获取温度、压力、湿度、风等廓线的观测数据，而这些原本只能靠施放探空气球才能获得。20 世纪 70 年代初，出现了利用微波辐射计遥感测水汽廓线。20 世纪 70 年代中期，出现了利用甚高频脉冲多普勒雷达遥感测对流层风场。后来，美国波传播实验室开始研制地面遥感探空系统，并命名为“廓线仪”。1982 年，“廓线仪”初步建成，后逐渐投入业务应用，并逐渐组网观测。

1960 年，世界上第一台激光器——红宝石激光器问

世，此后诞生了激光大气遥感，其进展很大程度上依赖可用于大气遥感的激光器技术的发展。与天气雷达的工作原理相同，激光雷达首先向被测目标发射激光脉冲，再通过测量反射信号的到达时间、强度和频率变化等参数，确定目标的距离、方位、仰角、运动状态等属性。1994 年，美国国家航空和航天管理局发射的"发现号"航天飞机搭载了一台米散射激光雷达，开启了激光雷达技术的新纪元。1996 年，欧洲航天局联合日本宇航局成功地将另一台米散射大气激光雷达送入太空，标志着星载激光雷达大气探测时代的到来。2006 年，美国国家航空和航天管理局与法国国家太空研究中心联合发射了可用于全球云与气溶胶观测的科学实验卫星 CALIPSO(Cloud-Aerosol Lidar and Infrared Pathfinder Satellite Observations)，是迄今为止最为成功的星载大气探测激光雷达卫星，获取了大量云和气溶胶的垂直观测廓线数据。

声学遥感出现于 1968 年，澳大利亚首先研制成功了大气声回波探测器，又称作"声雷达"，可以通过反演数百米高度上的声回波获取大气温度结构。自此，声雷达技术成为大气边界层探测的有效手段，并在世界各国都得到了广泛的应用。1971 年，美国首先提出利用散射声波中的多普勒频移测量大气风场，并利用城市周围的声学遥感探测器监测大气逆温层结构。之后，声雷达广泛应用于测风、大气温度结构等方面。

▶▶ 多源卫星监测

1957 年，第一颗人造卫星的成功发射，标志着人类进入了太空时代。1968 年，美国阿波罗-8 宇宙飞行器发送回了第一个地球影像，从此，空间遥感技术得到了长足发展，人类开始以全新的视角来重新认识自己赖以生存的地球，遥感卫星在世界各国的经济、政治、军事等领域内也发挥着日益重要的作用。同时，遥感卫星的遥感影像分辨率越来越高，获取的信息量越来越大，且应用范围也越来越广。

大气本身要发射各种频率的流体力学波和电磁波，当这些波在大气中传播时，会发生吸收、散射、折射等物理过程。那么，当大气成分、大气温度、气压、气流、云及降水等发生变化时，前面说的这些波信号就会发生特定的变化，这些波信号的变化存储了丰富的大气信息，这样的波叫作大气信号。随着电磁波谱学和计算机技术的发展，对大气信号的认识在电磁波谱上有了很大的扩展，逐

渐从紫外扩展到可见、红外、微波、无线电波等[1]。电磁波谱的发展，为卫星遥感和反演奠定了理论基础。

按照卫星轨道平面与地球赤道平面的夹角，也就是卫星轨道倾角，卫星可分为顺行轨道卫星（轨道倾角小于90度）、逆行轨道卫星（轨道倾角大于90度）、赤道轨道卫星（轨道倾角为0度）和极地轨道卫星（轨道倾角为90度）。若按照轨道的高度，卫星可分为低轨道卫星、中高轨道卫星、地球同步轨道卫星、地球静止轨道卫星、太阳同步轨道卫星、大椭圆轨道卫星和极地轨道卫星七大类。遥感卫星能在一定时间内覆盖整个地球或指定的任何区域，当沿地球同步轨道运行时，它能对地球表面某指定地域进行连续观测。所有的遥感卫星都需要有遥感卫星地面站，卫星获得的图像数据通过无线电波传输到地面站，地面站发送指令以控制卫星运行和工作[32]。

遥感卫星主要有气象卫星、地球资源卫星和海洋卫星三种类型。气象卫星可分为太阳同步轨道气象卫星和地球静止轨道气象卫星。太阳同步轨道气象卫星每天对地球表面扫描两遍，可获得全球气象数据。地球静止轨道气象卫星能够对某一固定区域进行连续观测，每半小时或1小时提供一张全景圆面图。正是由于这种连续观测,使得地球静止轨道气象卫星可以监测天气系统的连续变化,特别是生命史短、变化快的中小尺度天气系统。地球静止轨道气象卫星的这一优势却正是极地轨道卫星的缺陷之一。极地轨道卫星对某一地区的观测时间间隔长,一天只能对同一地区观测两次,因此也没有优势监测生命史短、变化快的中小尺度天气系统。而且,极地轨道卫星相邻两条轨道的观测资料不是同一时刻的,需要进行同化。当然,极地轨道卫星也有其优势,例如,极地轨道卫星几乎以同一地方时经过世界各地,轨道预告、资料接收定位都十分方便,而且,极地轨道卫星是太阳同步轨道气象卫星,能够得到稳定的太阳能,保障卫星的正常工作。

目前,多平台、多时相、多光谱和多分辨率遥感影像数据正以惊人的数量快速发展,这就是多源遥感卫星(图 20)。与单源遥感卫星观测相比,多源遥感卫星所提供的信息具有冗余性、互补性和合作性。冗余性表示它们对环境或目标的表示、描述或解译结果相同;互补性是指信息来自不同的自由度且相互独立;合作性是不同传感器在观测和处理信息时对其他信息有依赖。未来,多源遥感卫星遥感资料的融合和应用,可为大气科学研究提供重要的数据支撑。

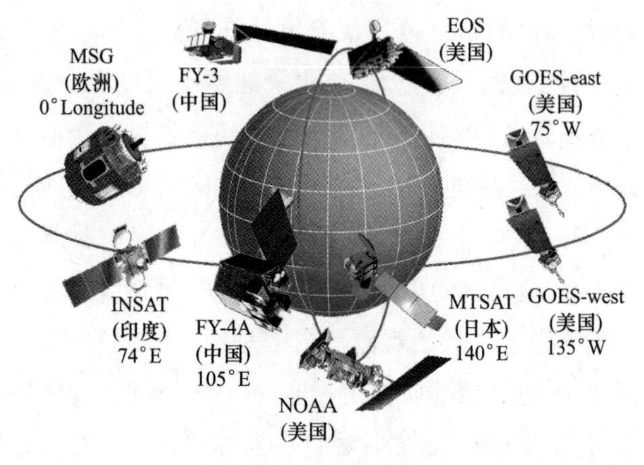

图 20　多源遥感卫星

风云系列气象卫星是我国独立自主研制的一套完整的气象卫星系统，从 1970 年开始研制，使我国成为继美、俄之后世界上同时拥有极地轨道和静止轨道气象卫星的国家。风云三号（FY-3）气象卫星是我国的第二代极地轨道气象卫星，在功能和技术上向前跨进了一大步，能够获取全球、全天候、三维、定量、多光谱的大气、地表和海表特性参数。FY-3C、FY-3D 和 FY-3E 卫星组网运行，我国因此成为国际上唯一同时拥有上午、下午、晨昏三条极地轨道气象卫星组网观测能力的国家。风云四号（FY-4）气象卫星是我国第二代静止轨道气象卫星，充分考虑海洋、农业、林业、水利以及环境、空间科学等领域的需求。

2016年12月11日，风云四号科研试验卫星在西昌卫星发射中心成功发射，12月17日定点于99.5°E赤道上空静止轨道位置，并正式被命名为风云四号A星（FY-4A）。2017年9月25日，风云四号A星正式交付用户投入使用，目前定点在105°E。2021年6月3日发射的风云四号B星为风云四号系列气象卫星首颗业务卫星，定点在123.5°E赤道上空静止轨道位置。它的成功发射，标志着我国新一代静止轨道气象卫星观测系统正式进入业务化发展阶段，对确保我国静止轨道气象卫星升级换代和连续、可靠、稳定运行意义重大。

▶▶ 世界气象组织

世界气象组织（World Meteorological Organization，WMO）是联合国的专门机构之一。1872年和1873年分别在莱比锡和维也纳召开了两次国际会议后，于1878年正式成立了国际气象组织（International Meteorological Organization，IMO），这是一个非官方性机构。1947年9月，在华盛顿召开的各国和地区气象局长会议上，国际气象组织正式改名为“世界气象组织”。1951年3月19日，世界气象组织第一届大会在巴黎举行，同年12月，成为联合国的一个专门机构。

世界气象组织的宗旨是:促进全世界合作建立站(网)以进行气象、水文和其他地球物理观测,并建立提供气象服务和进行观测的各种中心;促进建立和维持可迅速交换气象情报及有关观测资料的系统;促进气象观测的标准化,并保证观测结果与统计资料的统一发布;推进气象学在航空、航海、水利、农业和其他人类活动领域中的应用;促进实用水文活动,加强气象服务部门与水文服务部门的密切合作;鼓励气象和适宜的其他有关领域内的研究与培训,帮助协调研究和培训中的国际性问题。世界气象组织设有执行理事会、区域协会、技术委员会和秘书处,最高权力机构是世界气象大会,每四年召开一次,审议过去四年的工作,研究批准今后四年的业务、科研、技术合作等各项计划。中国是1947年世界气象组织公约签字国家和地区之一,1972年2月24日加入世界气象组织,中国香港和中国澳门也是地区会员。

世界气象组织执行理事会每年至少举行一次会议,以审查组织的活动和执行气象组织大会的决议。其组成人数根据本组织会员数的增多而逐渐增加。自1973年起,中国一直是世界气象组织执行理事会成员。

按地理区域,世界气象组织分为六个区域协会,包括一区协(非洲)、二区协(亚洲)、三区协(南美)、四区协(北中美洲）、五区协（西南太平洋）和六区协（欧洲）。中国属二区协（亚洲），中国香港、中国澳门作为地区会员也属于二区协（亚洲）。区域协会主要负责区域内各项气象与水文活动，实施大会和执行理事会的有关决议，一般每四年举行一次会议，协调各自区域内的气象与水文活动，并从区域角度审查向其提交的所有问题。

世界气象组织根据气象、水文业务性质，将技术委员会分为两组8个委员会，它们是：基本委员会，包括基本系统委员会（CBS）、大气科学委员会（CAS）、仪器和观测方法委员会（CIMO）和水文学委员会（CHY）；应用委员会，包括气候学委员会（CCL）、农业气象学委员会（CAGM）、航空气象学委员会（CAEM）、海洋学和海洋气象联合委员会（JCOMM）。委员会由本组织各会员提名指派专家参加，委员会工作主要是在其职责范围内贯彻大会、执行理事会及区域协会的决议并协调本委员会的工作。

秘书处是世界气象组织常设办事机构。秘书处由气象大会任命的秘书长主持工作，处理日常国际气象事务，秘书处下设若干职能司负责有关工作，包括秘书长办公室，世界天气监测网司，技术合作司，区域办公室，资源管理司，支持服务司和语言、出版与会议司。

世界气象组织成立以来,成员已发展到一百六十多个,工作也取得了许多成就。从1957年开始的全球臭氧观测系统,经过30年的艰苦协调和标准化观测,终于促成许多国家和地区在1987年签订了关于保护臭氧层的《蒙特利尔议定书》。1963年建立的世界天气监视网也成为世界气象组织的骨干计划。

1960年6月,世界气象组织通过决议,从1961年开始,将《世界气象组织公约》生效日3月23日定为世界气象日,要求各成员在每年的这一天以多种方式举行庆祝活动,宣传气象学在国民经济和国防建设中的作用,并且每年气象日都选定一个主题,主题的选择基本上围绕气象工作的内容、主要科研项目以及世界各国普遍关注的问题。例如,2021年世界气象日的主题为"海洋、我们的气候和天气",2022年世界气象日的主题是"早预警、早行动:气象水文气候信息,助力防灾减灾"。

如何制作天气预报

科学若要有价值，就必须预言未来。

——威廉·贝弗里奇

▶▶ 天气图与天气预报

天气图是标明各地同一时间气象要素的特制地图，是气象部门分析和预报天气的重要工具之一。在天气图底图上，填有各城市和观测站的位置以及主要的河流、湖泊、山脉等地理标志。同时，在天气图上的各站点还填有代表各种天气要素的观测值或天气现象，所有这些符号都按照统一格式填写在各自的地理位置上，这样，就可以把各地在同一时间观测到的风、温度、湿度、气压等气象要素填在一张图上，就构成了天气图。气象工作人员利

用天气图，根据天气分析原理和方法分析主要天气系统、天气现象的分布特征。

天气图最早出现于1820年。当时，德国的布兰德斯利用《巴拉丁气象学会杂志》刊载的气象观测资料，将各地同一时刻的气压和风的记录填在地图上，绘成了世界上第一张天气图，这是一项开创性的工作，为后来分析气压、风与天气之间的关系以及建立天气系统的概念模型奠定了坚实的基础。天气图的诞生主要归功于气象仪器的发明、观测网的建立以及流体动力学理论的发展，是近代气象学理论研究和天气预报实践的标志。同时，电报的发明，为各地气象观测资料的迅速传递和信息交汇提供了条件，使绘制实时天气图成为可能。1851年，英国的格莱舍利用电报收集各地气象资料，绘制了可供实际应用的天气图[33]。

天气图主要有地面天气图和高空天气图两种。地面天气图，也称作“地面图”，用于分析某一区域某一时刻的地面天气系统和大气状况。在地面天气图上，用数值或符号填写该站某一时刻的气象要素观测记录，如气温、露点温度、风向和风速、海平面气压和3小时气压倾向、能见度、总云量和低云量、特殊天气现象（如雷暴、大风、冰雹）等；还可根据各站的气压值绘等压线，分析高、低气压系统的分布；根据露点温度、天气现象分布，分析并确定各类锋的位置。地面天气图综合表示了某一时刻地面锋面、气旋、反气旋等天气系统和雷暴、降水、雾、大风和冰雹等天气所在的位置及其影响范围。

高空天气图，也称作“高空等高面图”或“高空图”，用于分析高空天气系统和大气状况。在高空天气图上，填有各探空站或测风站在该等高面上的位势高度、温度、露点温度差、风向和风速等观测记录。基于高空天气图，可根据有关要素的数值分析等高线、等温线并标注各类天气系统。高空天气图上的等高线反映高空低压槽、高压脊、切断低压和阻塞高压等天气系统的位置和影响范围。常用的有 850 百帕、700 百帕、500 百帕、300 百帕、200 百帕和 100 百帕等高面图，它们的平均海拔高度分别约为 1 500 米、3 000 米、5 500 米、9 000 米、12 000 米和 16 000 米。还有一种称为“厚度图”的高空天气图，用于分析两层等高面之间的气层厚度，这种厚度反映该气层平均温度的高低，气层厚的地区大气较暖，反之较冷；常用的有 1 000 百帕到 500 百帕的厚度图。这种厚度图常叠加在 500 百帕或 700 百帕等高面图上，用以表示 500 百帕或 700 百帕图上的温度分布。

天气预报的诞生，与历史上著名的 1854 年 11 月克

里米亚战争有关。当时，英法联军包围了塞瓦斯托波尔，陆战队准备在黑海的巴拉克拉瓦港登陆。这时候，黑海上突然狂风大作，巨浪滔天。巴黎天文台台长勒弗里埃将收集到的同一时间各地的气象情况填在一张图上，对风暴的移动进行了预报。1856年，法国成立了世界上第一个正规的天气预报服务系统。近百年来，一些气象领军人物充分利用地面和高空气象观测资料与数理方法，有力推动了天气预报理论的发展和天气预报业务水平的提高。其中，挪威学派的环流理论和气旋波模型以及芝加哥学派的长波理论做出了举世公认的突出贡献。

利用天气图进行天气预报的方法主要有经验外推法、相似形势法、统计资料法以及物理分析法。经验外推法又称"趋势法"，指的是根据天气图上各种天气系统过去的移动路径和强度变化趋势，推测它们未来的位置和强度。经验外推法在天气系统的移动和强度无突然变化或无天气系统的新生、消亡时，效果较好；而当发生突然变化或有天气系统的新生、消亡时，预报往往不符合实际。相似形势法又称作"模式法"，是从大量历史天气图中，找出一些相似的天气形势，归纳成一定的模式。例如，当前的天气形势与某种模式的前期情况相似，则可参照该模式的后期演变情况进行预报。由于相似总是相对的，完全相同是不可能的，因此，用相似形势法往往会出现误差。统计资料法又称“相关法”，是用历史资料对历史上不同季节出现的各种天气系统的发生、发展和移动进行统计，获得它们的平均移动速度，寻找预报指标（例如气旋生成、台风转向的指标等）进行预报。对历史上未出现过的或移动很快及很慢的例子，此法不适用。物理分析法是通过分析天气系统的生消、移动和强度变化的物理因素来制作天气预报的方法，这种方法通常效果比较好。但当对反映这些物理因素的运动方程进行的简化和假定不大符合实际时，常常造成预报误差，甚至远远偏离实际情况[33]。

天气预报按照预报时效长短，可分为短时预报（0～12 小时）、短期预报（1～3 天）、中期预报（4～10 天）、延伸期预报（11～30 天）、长期预报（也称短期气候预测，1 个月～1 年）等。根据预报范围，天气预报一般分为全球预报、半球预报、大洲或国家范围的预报。在我国，公众天气预报主要有全国、省（自治区）级、市（地区）级和县级预报，分别由中国气象局国家气象中心、各省（自治区）级气象台、市（地区）级气象台和县级气象站制作。

▶▶ 数值预报发展历史

数值预报就是给定初始和边界条件，通过数值方法求解大气运动方程组，从而由已知初始时刻的大气状态预报未来时刻的大气状态。1921 年，英国气象学家理查德森第一次尝试用数值方法预报天气。由于计算工作量极为庞大，他组织了大量人力，设计了详细的计算表格才得以完成，然而预报结果却与实际的大气变化严重不符，其原因是没有处理好大气中高频波的作用。1950 年，美国科学家冯·诺依曼和查尼基于滤去高频波后的大气运动方程组，利用世界上第一台计算机 ENIAC 成功制作了 24 小时数值预报。随着计算机技术的发展、观测手段的进步和观测网的建立，以及对大气物理过程认识的深入，数值预报已取得很大进步，成为天气预报的主要手段。尤其自 20 世纪 60 年代发射气象卫星以来，卫星探测资料大大弥补了海洋、沙漠、极地和高原等地区气象资料不足的缺陷，使天气预报水平显著提高。随着气象卫星的迅猛发展，20 世纪 80 年代欧洲中期天气预报中心开始每天制作全球预报，之后的几十年，该中心引领全世界数值天气预报不断前进。

数值模式可以提供几个小时前观测的物理量诊断场，也可以提供未来 3 天内的短期模式产品，有些模式可以直接预报天气要素（如气温、风和降水量等）。利用模式输出统计的方法，预报员可以制作短期天气预报。短期数值预报经历了 30 年的发展过程，到 1979 年开始进入中期数值预报阶段。现代中期数值预报模式可以提供未来 1～10 天的大气环流形势和气象要素的逐日多时次的预报。针对天气系统的非线性混沌特性，集合预报的业务运行也是数值预报发展史上浓墨重彩的一笔。大家都知道“蝴蝶效应”，即一只南美洲亚马孙河流域热带雨林中的蝴蝶，偶尔扇动几下翅膀，可以在两周以后引起美国得克萨斯州的一场龙卷风。美国气象学家洛伦兹 1963 年便指出了天气系统属于混沌系统，一个微小的误差随着时间的推移会造成巨大的差别，即初始条件的误差使得天气预报越往后越不准。集合预报则很好地弥补了天气系统的混沌特性。既然人们无法得到真实的初始值，那就用很多个扰动初始值进行模拟，得到很多个不同预报，有些模式成员可能还会出现南辕北辙的预报结果，但集合预报得到的概率预报恰恰为天气预报使用者提供了重要且科学的信息。

在天气预报走向客观定量化的道路上，数值预报模式不可替代。在时空尺度上，现代数值预报向两个方向发展：一是提高全球数值预报的准确率和延长预报时效；二是提高区域数值模式的预报技巧，得到几千米和几分钟的精细预报。总体来说，数值模式的动力学框架是要预报大气扰动是怎样形成、移动和消亡的，以及多尺度扰动之间和与气候钟之间是怎样发生相互作用的。

▶▶ 日常天气预报的发布

天气预报是现代人们生活中不可或缺的一部分，中央电视台每天 19:32 左右都会播放《天气预报》，通过电视向全国人民发布主要城市的天气预报。除此之外，人们还可以通过广播、互联网、手机获取天气预报信息。相信很多人都看过中央电视台的《天气预报》，主持人的播报只有短短两三分钟，但实际上得到这些天气变化的结论却经历了非常复杂的过程。天气预报的制作流程（图21）主要包括数据收集（大气观测、数据传输、收集处理）、数值预报、天气会商（预报分析、制作预报）以及发布预报等主要步骤[34]。

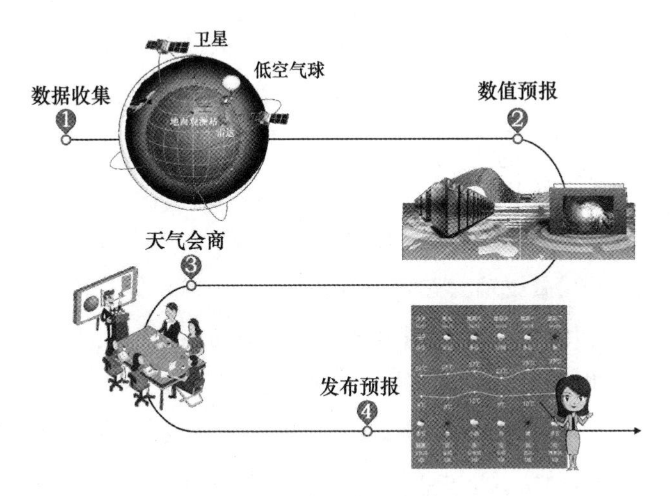

图 21　天气预报的制作流程

常规气象资料主要通过气象观测站、卫星、雷达、海洋浮标等观测方式获取。截至 2021 年，中国有 2 000 多个地面站、100 多个高空探测站、50 000 多个自动监测气象站、300 多个雷达站。地面站能够提供局部范围的第一手地面观测资料，高空探测站的高空探测气球携带无线电探空仪，可获取大气不同高度的温度、湿度、气压、风向及风速信息，并每日两次（北京时间 08 时、20 时）将数据汇总到地面站。对于不适合长期居住的地区，例如高寒气候的青藏高原部分地区，能够自动探测多个气象要素的自动监测气象站作用重大，自动监测气象站可定时向

中心站传输探测数据,以弥补一些无人区的气象观测空白。雷达站则能够快速获取小范围降水云团的回波数据,并及时将信息发给地面站,这是短时降水预报的重要依据。另外,气象卫星观测能够很好地弥补地面站点覆盖密度不够的问题,通过搭载各种探测器,能够探测可见光、红外、微波辐射在地—气系统的传输,并将其转换成电信号传到地面。上述各种观测设备每天定时对大气进行探测,覆盖地面到高空、陆地到海洋,形成一个互补的天、地、空一体化立体观测网。世界气象组织统一制定观测标准,并协调这些数据的采集时间,这些观测数据通过气象通信汇总后,由国家信息中心分发,用于天气图及天气预报的制作。

利用上述观测资料,通过制作天气图进行天气分析。同时,通过对这些全球观测数据输入数值模式进行计算,获得各层大气气压、风、温度、降水、雷达反射率、台风、海浪等预报产品。得到各种天气分析和预报产品后,预报员进行天气会商并确定预报结论,预报结论被绘成全国24小时降水量预报图、温度预报图、大风预报图等。此外,气象部门还会根据预报结论发布台风预警、暴雨预警、大风预警,以便农业、交通、教育等部门和公众合理安排生产生活。

气象主持人接下来即可进行天气预报的发布了。预报图和预报结论准备好后，气象主持人即可录制《天气预报》节目了。气象编导根据会商结果分析最近天气特点，整理要在晚间节目重点提及的重大天气材料。电视编导则从社会角度准备当天的天气新闻、文字、图片或视频。然而，十分考验主持人的是，他们录制节目时需要站在空空如也的蓝幕前，不仅要精确地指出文稿中描述的信息在图上的位置，还要精准地把握讲解时间，讲解时间不能超过或短于电视台规定的《天气预报》节目时间。之后，录制的节目才能播出。

在当今的互联网时代，公众获取天气信息的渠道多种多样，而且精准及时。随着技术的升级、大数据兴起和智能终端的普及，空间上精确到街道，时间上精确到分钟，已成为现代天气预报的新特点。而且，现在有很多的天气预报应用软件与气象部门合作，被越来越多的用户应用，如今，互联网的革新以及同类竞争，让这些软件的作用更加丰富，也更加贴心和人性化。现在天气预报软件在显示温度时一般都会做出趋势图，未来几天的最高、最低温度一目了然；根据天气状况，提供运动、化妆甚至养生方面的建议；在晴天或多云的晚上，甚至可以在软件上看到月相变化。有些软件还开发“时景”的特色模块，

让用户拍照并实时播报自己所在地的天气情况，将用户凝聚成社区，同时还可以分享天气状况给家人、朋友，提高互动。

随着社会的不断发展，人们对天气预报的精细化要求越来越高。从百姓的层面来看，天气预报影响着人们的日常生活，如果能获知具体时间、具体地点的准确天气情况，就能更好地安排活动，必将极大地提高生活质量。从政府层面来看，准确的精细化天气预报能为各项重大社会活动保驾护航，是各项大型室外活动顺利开展的前提。因此，精细化天气预报是未来发展的趋势，也是气象工作者在往后很长一段时间内的努力方向，这更需要年轻的学子们为之奋斗。

▶▶ 短时临近天气预报

随着经济的发展和人们生活水平的提高，人们越来越重视气象服务的质量，其中，短时临近天气预报在我国的防灾减灾的工作中具有重要的意义。短时临近天气预报指 0～12 小时内的天气预报，其中，短临预警是指 0～2 小时预报预警，短时天气预报是指对未来 3～12 小时天气变化的描述。短时临近天气预报可为台风、短时强降水、冰雹、雷雨大风、龙卷风、雷电等强对流天气进行预报预警，为科学防灾减灾工作奠定基础，最大限度地避免自然灾害对农业生产、人民生活等方面带来的不利的影响。

短时临近天气预报是以气象现代化为基础的。随着地面气象观测、雷达、卫星等气象观测资料日益丰富，加之数据同化技术的日益发展，短时临近天气预报才得以形成和发展。在很多地区，除了常规的气象雷达和自动监测气象站外，还有多部风廓线雷达，可提供地面至3 000米高空高分辨率风的瞬时观测。这些气象仪器探测到的资料可以每5分钟通过计算机自动收集和处理并显示在预报员面前，为短时临近天气预报提供了数据基础。同时，计算机计算能力的提升大大加快了气象资料的收集、处理和分析速度，气象卫星、天气雷达的观测资料也为短时临近天气预报提供了及时、可靠的数据。

短时临近天气预报的关键技术包括短时临近预报技术和短时临近预报检验技术。短时临近天气预报技术主要包括：基于雷达观测的强风暴和卫星观测的中尺度对流系统自动识别追踪及外推预报技术；强风暴自动识别追踪、非线性自动外推以及强风暴质心追踪外推等多种外推预报的融合技术；多种资料分析及临近预报算法的

综合集成技术；基于外推预报与数值预报融合的短时预报技术；基于观测资料与数值预报订正产品融合的强对流天气短时预报技术。

▶▶ 短中长期天气预报

按照天气预报的预报时效，除短时临近天气预报外，还包括未来 3 天的短期天气预报、未来 10 天的中期天气预报和 11～30 天的长期(延伸期)天气预报。

如前所述，短期天气预报主要依据天气图分析和数值预报模式的预报结果来做预报，中期天气预报则更多地依赖于数值预报模式的预报结果。经过近 20 年的实践，到 20 世纪 70 年代，短期数值预报已经日趋完善，加之大气环流数值模式在长时间积累中取得的进展，进一步促进了中期天气预报的发展。1972 年，美国科学家都田菊郎首次用美国地球物理流体动力实验室的模式成功进行了两周的数值预报实验。1973 年，欧洲气象界决定建立欧洲中期天气预报中心，1975 年筹建，自此诞生了全球第一个中期数值天气预报业务中心，第一个业务模式是一个网格模式，并于 1979 年开始做每周 5 天的业务预报，1980 年开始做每周 7 天的业务预报。第二个业务模式是谱模式，于 1983 年投入业务使用。从此以后，全球范围的天气监测、资料同化、数值预报和气象服务进入了新阶段。随着观测资料的增多及使用，加上数值模式在动力和物理过程两方面的进一步改进，使欧洲中心中期天气预报模式的可预报性逐渐延长[35]。

长期天气预报，也称作延伸期预报，是对未来 11～30 天的预报，所涉及的都是时空尺度较长的天气过程，因此，不能像中、短期数值预报一样在预报时效内做逐日预报，因为存在大气可预报性的问题。可预报性问题分为理论可预报性和实际可预报性，其中，实际可预报性在天气预报问题中更为重要。决定实际可预报性的因素主要有初值误差、由于数值模式内部物理过程描述不完整引起的误差、数值模式所处理的外在物理影响的不完整而引起的误差以及数值计算中的误差。影响长期天气过程的主要因子包括太阳活动、海温、冰雪覆盖等。在长期天气预报的发展过程中，预报方法主要有统计学方法（包括经验方法和物理统计方法）、动力学方法和动力统计学方法。经验方法在目前的长期天气预报业务中仍然使用，该方法主要利用单变量时间序列的持续性、周期或准周期性、相似及韵律等特征做预报。物理统计方法是目前长期天气预报的主要方法，一般用到几个而不是一个物

理参量作为预报因子，通常包括大气环流、海洋状况、冰盖、雪盖等，用到的统计方法主要有逐步回归、多层递阶、经验正交函数展开等。虽然物理统计方法是长期天气预报的主要方法，但仍存在预报效果不稳定、缺乏深厚的物理基础等问题。动力学方法和动力统计学方法是长期预报领域里被重点研究的方法之一，被认为是最终解决长期预报问题的主要方法。

在实际生活中，我们往往发现中长期天气预报的准确率不够高。中长期天气预报主要依赖于数值预报，而数值预报的本质则是让超级计算机求解非常复杂的方程组来模拟大气运动。既然是解方程组，那么初始场就尤为重要，需要把非常精确的天气实况（初始值）输入超级计算机，它才能准确推算出后面的天气。但在实际应用中，每个气象观测站只能获取一个点的实况数据，而高原、海洋等人迹罕至的地方，气象站更加稀疏。实际情况就是，获取到的实况信息是以点为单位的，而求解方程组需要的是全球每个角落的实况数据，这就为预报带来了困难。为了解决这个问题，不得不引入了被称作“插值”的算法，然而，通过插值得出的结果是被“估算”出来的，与这个地方的实际温度有一些出入；而在全球，这样被估算出来的点有成千上万个，并作为初始值输入方程组开始运算。虽然只是微小的差异，但复杂方程组对初始条件极端敏感，微小的差异在复杂的运算中会被逐渐放大。得到的运算结果中，未来两三天内的准确率相对较高，但随着时间变长，到五六天特别是一周后，最开始的误差会被越放越大，预报的准确率也会随着时间的推移越来越低。另外，除了初始场外，真实的大气环境比超级计算机的模拟要更复杂，具有更大的不确定性。大到火山喷发，小到南美洲的蝴蝶扇动翅膀，都会或多或少地影响周围大气的运动状态，产生一系列的连锁反应，这些因素都会导致目前中长期天气预报的准确率不够高。

针对中长期天气预报准确率不高的问题，目前的一个解决方案是引入集合预报系统，在这个集合中，各个子集分别用不同的初始场、边界条件、参数设定来进行计算，最终得到不同的运算结果。虽然集合预报也有局限性，很难判断大气的运动状态到底会向着哪一个子集预报的那样发展下去，但可以从"集合预报的平均值"等预报数据中获得未来天气大致发展趋势的信息。

气候变化

变者，法之至也。

——魏禧

气候始终处于波动之中，它悄无声息地发生在我们所处的这个蔚蓝色星球上，大自然也不会因为地球上的喜怒哀乐而停止行进步伐，总是按它自己的规律循序渐进地变换着一年四季。然而，自工业革命以来，全球气候发生了巨大的变化，政府间气候变化专门委员会（IPCC）第六次评估报告[25]指出，全球气候变化危及人类福祉和地球健康的事实毋庸置疑。

▶▶ 气候和气候变迁

“气候”一词源自古希腊文，意为“倾斜”，指各地气候的冷暖同太阳光线的倾斜程度有关。在我国，“气候”一词出现在杜牧的《阿房宫赋》中：“一宫之内而气候不齐”，主要反映了冷热差异。发展到现代，气候是指地球上某一地区多年大气的平均状态，是该时段各种天气过程的综合表现，是气象要素（气温、降水、光照、风力等）各种统计量（均值、极值、概率等）的多年平均[36-37]（图 22）。根据世界气象组织的规定，一个标准气候态（气候特征和分布形态）平均值的计算时间为 30 年。气候与人类社会密切相关，许多国家很早就有关于气候事件的记载。

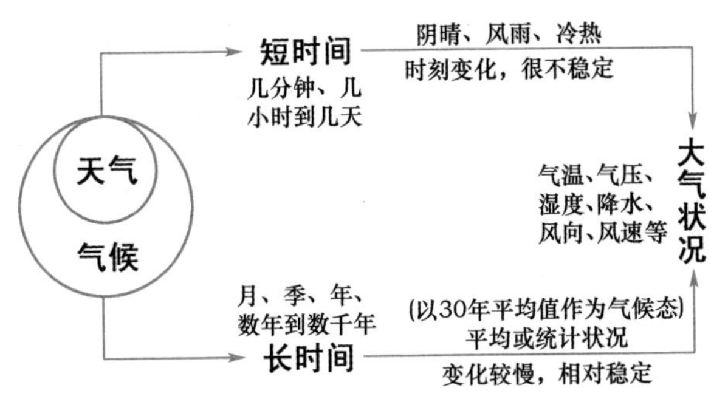

图 22　天气与气候的区别

气候要素主要包括光照、气温和降水等，其中降水是最重要的一个气候要素。降水量的空间分布受地理纬度、海陆位置、大气环流、天气系统和地形等多种因素的

制约。通常情况下，受地形因素影响，山区迎风坡降水多、背风坡降水少；受地理纬度因素影响，全球可划分为四个降水带[36]：

(1)赤道多雨带：赤道及其两侧地带是全球降水量最多的地带，年降水量至少1 500毫米，一般为2 000～3 000毫米。

(2)副热带少雨带：这一纬度带受副热带高压控制，以下沉气流为主，是全球降水量稀少带，尤以大陆西岸和内部更少，年降水量一般不足500毫米，不少地方只有100～300毫米，是全球荒漠分布相对集中的地带。

(3)温带多雨带：这一纬度带年降水量比副热带多，一般在500～1 000毫米。之所以多雨，主要受天气系统影响，即锋面、气旋活动频繁，锋面降雨、气旋降雨多。大陆东岸还受到季风的影响，夏季风来自海洋，带来较多的降水。

(4)高纬少雨带：这一地区由于处于高纬度，全年气温很低，蒸发微弱，故降水量偏少，年降水量一般不超过300毫米。

由于全球各地区的降水、气温状况和自然条件等不同，科学家们根据各地不同的特征，把气候分为若干种类型：A. 热带沙漠气候：全年高温，炎热干燥，极少下雨；B. 地中海气候：夏季炎热干燥，冬季温和多雨；C. 热带（稀树）草原气候：全年高温，一年分干、湿两季；D. 热带雨林气候：全年高温多雨，非常潮湿；E. 热带季风气候：全年高温，一年分旱、雨两季；F. 亚热带季风和亚热带湿润气候：夏季高温多雨，冬季温和少雨；G. 温带海洋性气候：全年温和多雨；H. 温带季风气候：夏季高温多雨，冬季寒冷干燥；I. 温带大陆性气候：冬寒夏热，年温差较大，干旱少雨，降水稀少且集中在夏季；J. 亚寒带针叶林气候：冬季长而严寒，夏季短而凉爽，降水稀少且集中在夏季；K. 极地苔原气候：冬长而严寒，夏短而低温，降水稀少且集中在最热的月份；L. 极地冰原气候：全年酷寒，降水极少，大部分不足 100 毫米；M. 高原山地气候：气候垂直变化明显，气温随海拔高度的升高而降低，随海拔高度的下降而升高。

受太阳辐射变化、下垫面改变、大气环流变化等自然原因和人类活动的影响，气候是不断变化的。气候变化包括空间和时间两方面的含义，其中通常以时间长度划分气候的变化时期。表 1 为气候变化史的划分。

表 1　　气候变化史的划分

名称	时间范围	变化特点	线索和依据
地质时期气候	1 万年以前	冷暖干湿交替变化	生物化石、冰川遗址等
历史时期气候	距今 1 万年～距今 200 年	气温高低波动变化	雪线高度、考古和古代记录
近现代气候	近 200 年	气温波动上升，降水显著变化	近现代气温观测记录

由于气候观测记录年代短，研究气候变迁经常使用各种代用资料，从各个方面寻找线索，重建过去各时期的气候。气候变迁按时间分为古气候和近现代气候。其中，古气候又分为地质时期气候和历史时期气候。约 1 万年以前的气候称作“地质时期气候”。距今 1 万年～距今 200 年的气候，称为“历史时期气候”。古气候研究中，主要采用地质资料重建、考古资料、历史文献和树木年轮等方法，其中最主要的是历史文献和树木年轮，其他方法由于基本为一些间断的证据，难以使它们成为连续的序列，只能提供某段时间的检验结果。近 200 年的气候称为“近现代气候”。由于有了大量的气温观测记录，区域和全球气温序列，不必再用代用资料，所以近现代气候主要依据大气、海洋、陆地、冰雪圈等常规观测方法和

非常规观测系统(太阳常数观测和微量气体观测等)进行研究。

气候形成及变化原因随时间尺度的不同而有差异。地质时期气候的形成及演变原因尚无定论。塞尔维亚气候学家米卢廷·米兰科维奇利用地球天文参数(地轴倾角、地球轨道偏心率和岁差)的变化同第四纪气候变迁进行对比,认为地球天文参数变化是地质时期气候变迁的重要原因之一[36]。可以肯定,整个地质时期气候变迁的重要原因之一是海洋和大陆分布的变化,即同全球自然地理环境演变的根本原因有关。历史气候和近现代气候的形成及其演变,可视为气候系统(包括大气、海洋、大陆、冰雪、生物圈等)内部耦合振荡的结果,太阳活动的11 年周期、22 年周期和 80～90 年周期等是其重要的外因。近现代气候变化是由自然变化和人类活动共同造成的,正经历着一次以变暖为主要特征的显著变化[36]。

▶▶ 历史时期气候变迁

历史气候指自人类文明出现以来尚无仪器观测资料的历史时期的气候,其时间上限并无定论。中国的历史气候指自仰韶文化以来约五千多年的气候。其他国家的

历史气候指的是公元前四千年埃及文化出现以来的气候。20世纪以来，这方面的研究逐步展开，欧洲和日本学者做过许多探索，英国学者布鲁克斯贡献突出。中国的系统研究始于20世纪20年代，由竺可桢开创，为中国历史时期气候变化的研究奠定了基础[38]。

挪威植物学家布利特研究北欧的沼泽泥炭地层，认为剖面上泥炭堆积阶段代表潮湿气候，残树桩层代表干旱气候，并据此划分出5个气候时段。后来的孢粉及^{14}C分析进一步证实了这种方案的正确性，并使之精确化。现在这个经典的欧洲全新世气候划分方案（表2），被称为布利特-塞南德方案，得到了广泛认可。

表2　经典的欧洲全新世气候划分方案[39]

年代（×1 000年，距今）	分期名称	气候特征
2.5～0	亚大西洋期	比较凉湿
5.0～2.5	亚北方期	比较暖干
7.5～5.0	大西洋期	温暖湿润
9.0～7.5	北方期	比较暖干
10.0～9.0	前北方期	比较冷干

（1）前北方期（距今10 000～9 000年）：斯堪的那维

亚冰盖退缩，已经撤出西欧大面积的陆地。冰后期刚刚开始，寒冷气候尚占据主导地位，海平面仍然很低，有泥炭沼泽发育，从冰盖下新露出的陆地上桦树林迅速成长，表明这些地区气候仍然比较寒冷干燥。

(2)北方期(距今 9 000～7 500 年)：气候持续变暖，斯堪的那维亚冰盖急剧缩小，最终在瑞典北部地区消失。海平面急剧上升，海岸线接近目前的位置，北海地区成为海域。陆地上桦树林很快被榛树和松林取代，后期则逐渐出现了榆树和栎树，表明此时气候比较温暖干燥，冬季冷干，夏季温暖，季节性明显。

(3)大西洋期(距今 7 500～5 000 年)：全新世最温暖湿润的时期，年平均气温比现代高 2 摄氏度左右，降水量也比较大。海平面达到全新世最高位置。北大西洋北部海冰大量消融，山地雪线普遍上升 300～500 米，森林向高纬度和高山推进。主要树种有栎树、榆树、椴树等。

(4)亚北方期(距今 5 000～2 500 年)：气候变得较为干燥，冬季寒冷、夏季温暖，大陆性气候特征增强。气候也不太稳定，出现波动变化。森林退化，榆树、椴树等显著减少，禾本科草本植物增加。

(5)亚大西洋期(距今 2 500 年～现在)：气候以凉爽

潮湿为特征，喜冷湿的植物群落扩展，沼泽泥炭大规模发育，森林进一步退化，树木属种减少，但某些地带又出现了山毛榉和云杉、冷杉林，禾本科草本植物和泥炭藓所占比例显著增大。某些高山地带冰舌扩展。

根据对历史文献和考古发掘材料等的分析，中国历史时期的气候变迁与世界历史气候变迁的趋势大致相似。能反映古代气候变迁的有动物与植物，动物主要是各个遗址中的化石。施雅风等[40]收集的一些新石器时代证据表明，在距今 3 000～7 000 年，有各种热带亚热带动物生存在比较高的纬度，而现代只能在热带找到这些动物，说明那时的气候比现代要暖。大暖期之后，随着气候的变冷，这些动物活动的范围均有规律地南迁了。当然，也有些学者认为社会的发展、人类活动破坏了这些动物生存的环境，大量捕杀也对其活动范围的南迁有一定影响，但是无论如何，气候条件的变化可能还是主要原因。

若以温度作为度量气候变迁的指标，根据对历史材料的分析可知：近 5 000 年中的前 2 000 年（从仰韶文化时代到安阳殷墟时代）是一个温暖的时期，大部分时间的 1 月份温度比现在高 3～5 摄氏度，这一时期降水增加、冰川消融、海平面上升，黄河在华北平原多次改道泛滥。黄帝部落生活的东部平原区面临着洪水的劫难，黄帝率领部落开始向西部高原进发，与居住在黄土高原的炎帝部落展开了阪泉之战，实现了中华民族第一次大统一。

4 200～4 000 年前，全球经历了 200 年干旱期，亦称“4 200 aBP 事件”，对华夏文明的直接影响就是“南涝北旱”。在南方地区，洪水淹没大片良田，南方先民流离失所，江浙良渚文化和石家河文化衰落。在北方地区，开始出现干旱，黄河冲积扇下游的山东龙山文化亦开始衰落。这一时期，以河南嵩山为中心的中原地区经历长达200 年的干旱事件，湖水萎缩、湖岸裸露，造就大片良田，适合中原先民开垦耕作。曾经泛滥成灾的黄河，河水流量开始减小，大禹又治水十三载，消除了中原洪水泛滥的灾祸，最终开启了华夏第一王朝[36]。

在近 5 000 年的后 3 000 年内，存在一系列的冷暖波动，年平均气温波动幅度为 2～3 摄氏度，有 4 次明显的寒冷期，分别出现在公元前 1 000 年前后（殷末周初）、公元 400 年前后（六朝）、公元 1 200 年前后（南宋）和公元 1 700 年前后（明末清初），四个时期之间的秦汉、隋唐和元代分别为温暖时期。图 23 为秦汉以来气候变化。5 000 年间最温暖的时期是殷末周初，这一时期黄河流域绿竹繁茂，野象、犀牛出没于林莽之间，年平均温度比现在高 2 摄氏度左右。5 000 年间最冷的时期如宋朝和明

末,凛冽寒冬屡现,太湖、洞庭湖和鄱阳湖多次封冻,热带地区冰雪频繁,江南柑橘和福建荔枝历遭冻毁,年平均气温比现在低 1 摄氏度多。纵观过去 5 000 年的气温变化,总趋势是逐渐变冷的。一些野生动物栖息界限的南移,也侧面印证了这一时期的温度变化趋势[36]。

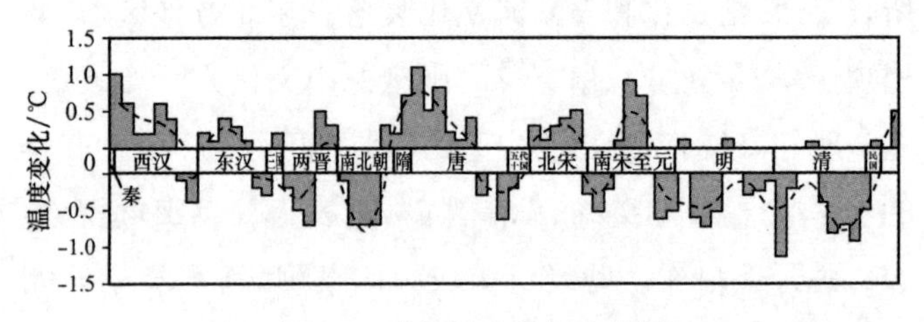

图 23　秦汉以来气候变化[36]

▶▶ 近现代气候变化

政府间气候变化专门委员会第六次评估报告[25]指出,目前全球平均地表温度较工业革命前高出约 1 摄氏度。从未来 20 年的平均温度变化预估来看,全球升温预计将达到或超过 1.5 摄氏度。至少到 21 世纪中叶,全球地表温度将继续升高。除非在未来几十年内大幅度减少二氧化碳和其他温室气体排放,否则 21 世纪升温将超过 2 摄氏度。在未来几十年里,所有地区的气候变化都将加剧，当全球升温 1.5 摄氏度时，热浪将增加，暖季将延长，而冷季将缩短；当全球升温 2 摄氏度时，极端高温将更频繁地达到农业和人类健康的临界耐受阈值。

全球持续变暖将进一步加剧全球水循环，包括其变率、全球季风降水以及干湿事件的强度，这会带来更强的降雨和洪水，在许多地区则意味着更严重的干旱。随着全球温度的上升，极端高温天气事件发生的强度和频率都将迅速增加，极端降水事件也将变得更加频繁，导致降水量显著增加。未来的进一步变暖将加剧多年冻土的融化、季节性积雪的损失、冰川和冰盖的融化以及夏季北极海冰的损失[25]。

科学家们发现，过去 50 年气候变化的速度是过去 100 年的 2 倍，该时期的气候变化主要是由人类活动所推动的。预计在未来，沿海地区的海平面持续上升，将导致低洼地区发生更频繁和更严重的沿海洪水和海岸侵蚀，以前百年一遇的极端海平面事件——由于潮汐、海浪和风暴潮的共同作用而出现的异常高的海面，由于气温上升，到 21 世纪末可能每年都会发生。这些变化既影响海洋生态系统，也影响依赖海洋生态系统的人群，而且至少在 21 世纪的剩余时间里，这些变化也将持续下去。

我国位于气象要素变率大的东亚季风区，是气候变化比较明显的国家之一[40]。1951—2020年，中国年平均地表气温上升速率为0.26摄氏度/10年，明显高于同期全球平均水平(0.15摄氏度/10年)。1980—2020年，中国沿海海平面上升速率为3.4毫米/年，高于同期全球平均水平。自20世纪50年代中后期以来，中国西部冰川总体呈现收缩态势，面积缩小了18%左右。中国极端天气气候事件增多，其中干旱是我国出现频率最高、影响范围最广、对农业生产造成损失最大的气候灾害，21世纪以来我国干旱日数增加了20%。其他极端天气气候事件也呈现增多趋势，与20世纪90年代相比，暴雨天数增多了10%，高温天数增多了32%，登陆强台风个数增加了46%。

导致全球气候变暖的主要原因是人类在近一个世纪以来大量使用矿物燃料(如煤、石油等)，排放出大量的二氧化碳等多种温室气体。如图24所示，太阳短波辐射可以透过大气射入地面，使地面增暖，地面增暖后以发射长波辐射的形式放出热量，这些热量大部分被大气中的二氧化碳等温室气体吸收，由于大气中温室气体的增加，大气吸收的地面发射热辐射也增加，从而产生大气变暖的效应。大气中的二氧化碳等温室气体如同一层透明的玻璃，它们对太阳短波辐射吸收较少，但能有效吸收长波辐射，使地球变成了一个大暖房。“温室效应”是指由于温室玻璃的存在，使太阳光可以透射进入温室，同时又使温室内的热量不与外界交换，因此温室内温度比外面的温度高很多，从而形成“保温效应”。正是由于“温室效应”的存在，如今的地球表面平均温度才保持在15摄氏度左右，否则，地球表面平均温度将会是－18摄氏度[37]。

工业革命以来，人类活动造成二氧化碳浓度迅速增加。2019年，全球大气中二氧化碳、甲烷和氧化亚氮的平均浓度分别达到了创纪录的410.5±0.2 ppmv（体积比，百万分之一）、1877±2 ppbv（体积比，十亿分之一）和332.0±0.1 ppbv，分别为工业革命之前水平的148％、260％和123％。2020年，全球主要温室气体浓度仍在上升。造成全球温度上升的二氧化碳（图25）等温室气体的增加主要是人类活动造成的，包括：(1)煤、石油、天然气等大量化石燃料的燃烧；(2)土地利用方式的变化和植被的破坏；(3)人口增加、工业的迅猛发展。二氧化碳等温室气体的主要自然来源有：(1)死亡生物体的腐烂；(2)动植物呼吸作用；(3)火山喷发及碳酸盐矿物、浅地层里释放的二氧化碳。自然界中吸收二氧化碳等温室气体的主要途径是植物的光合作用以及海洋的吸收过程。

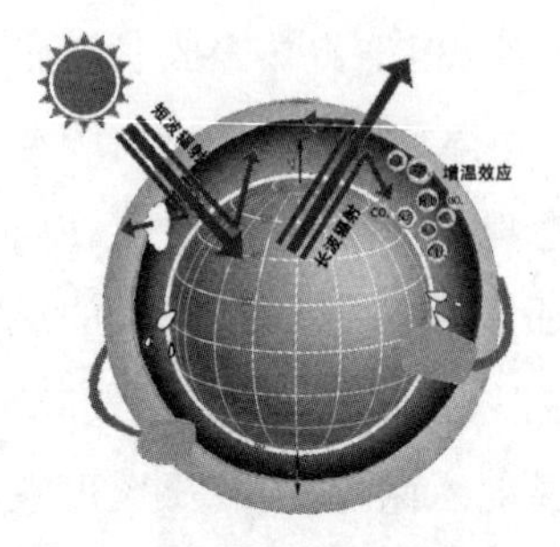

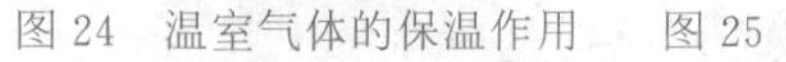

图 24　温室气体的保温作用　　图 25　温室气体的增加使地球正在变热

二氧化碳排放与大气增温速率在空间分布上存在显著的非对称性。过去一个世纪以来，全球干旱半干旱区升温速率比湿润区高 20%～40%，但其人为二氧化碳排放量却只有湿润区的约 30%，这表明干旱半干旱区的增暖很大程度上是湿润区发达国家的温室气体排放造成的。干旱半干旱区较低的土壤湿度和植被覆盖，导致其地表升温增加，产生较大的感热通量，才能维持地表能量平衡，即净收入的太阳辐射主要用于增加地表温度，而湿润区将这种额外的净收入的太阳辐射加热，通过蒸散发过程转换为潜热通量，进而减弱地表增暖程度。同时，预估结果表明，当未来全球平均升温达 2 摄氏度时，湿润区升温预计仅为 2.4～2.6 摄氏度，而干旱半干旱区却可达 3.2～4.0 摄氏度，比湿润区高约 44%。未来，全球干旱半干旱区将加速扩张，气候变暖、干旱加剧和人口增长的共同作用将增大发展中国家发生荒漠化的风险[37]。因此，国际社会应当更加重视气候变化灾害和气候变暖在不同地区之间的不平衡性，加强对贫困的干旱半干旱区的关注；同时应切实采取履约行动，推动《巴黎协定》的实施。

▶▶ 国际气候谈判与行动

自20世纪90年代以来，世界各国一直为应对气候变化做出努力。由于发达国家和发展中国家在责任和义务上的巨大分歧，气候谈判进展艰难而曲折，但一直在坚定地前行中。

为了减缓全球变暖趋势，1992年5月，联合国专门制定了《联合国气候变化框架公约》（United Nations Framework Convention on Climate Change，以下简称《公约》），该《公约》于1994年3月21日正式生效。依据该《公约》，发达国家同意在2000年之前将其二氧化碳及其他温室气体的排放量降至1990年时的水平。另外，每年的二氧化碳合计排放量占全球二氧化碳总排放量60%的国家还同意将相关技术和信息转让给发展中国家，这将

有助于发展中国家积极应对气候变化带来的各种挑战。

国际气候谈判的发展进程,大体经历了三个阶段(图 26)。第一阶段:从 1991 年启动《公约》谈判开始,发展中国家团结一致,强调发达国家在气候变化问题上的历史责任,要求在《公约》有关对策实施条款中明确体现南北间的公平和"共同但有区别的责任"原则。第二阶段:《联合国气候变化框架公约》通过以后,尽管内部的矛盾分歧还在加剧,但依旧维持了南北对立的基本格局,在反对为发展中国家增加新义务的谈判中,"77 国集团加中国"模式依然取得了极大成功。第三阶段:1997 年《公约》第三次缔约方会议(京都会议)通过《京都议定书》。《公约》是气候变化谈判的总体框架,《京都议定书》则是第一份具有法律效力的气候法案。《京都议定书》规定了发达

图 26 国际气候谈判的发展进程

国家在第一承诺期(2008—2012 年)内的减排指标,在为发达国家制定具有法律约束力的削减目标的同时,也引入了三个灵活机制。由此,发展中国家集团内部出现利益分歧,出现了内部分化的趋势。2005 年《京都议定书》开始强制生效。

2007 年,各方在印度尼西亚巴厘岛签署了《巴厘路线图》,期望能在其指引下走向 2009 年 12 月的丹麦哥本哈根会议,为《京都议定书》第一承诺期到期后发达国家减排等问题做出新的安排,即 2012—2020 年的全球减排协议。

2009 年 5 月,中国提出了《落实巴厘路线图——中国政府关于哥本哈根会议的立场》的文件。在这份文件中,中国政府提出哥本哈根会议应坚持《公约》和《京都议定书》基本框架,严格遵循《巴厘路线图》授权,为确保《公约》全面、有效和持续实施,就减缓、适应、技术转让、资金支持等问题做出相应安排,并确定发达国家在《京都议定书》第二承诺期的进一步量化减排目标。2011 年 11 月,《公约》第十七次缔约方会议在南非德班召开,会议决定实施《京都议定书》第二承诺期并启动绿色气候基金,为全人类应对气候变化描绘了共同愿景。

2020年是德班会议确立的国际气候新协定达成前的最后过渡期，也是《公约》缔约方开启气候新协定谈判、确立国际社会应对其后气候变化行动安排的开局之年。气候谈判所要解决的诸如全球能源发展战略、资金流量分配、投资活动次序、技术增长方向等问题极为复杂，对各国未来经济发展影响巨大。因此，无论哪个国家，都不愿意失去参与这次气候新规则制定的大好机会。

受新冠肺炎疫情的影响，原定于2020年11月9日在英国格拉斯哥开幕的第26届联合国气候变化大会推迟举办，这是由位于德国波恩的《公约》秘书处和英国以及合作方意大利方面共同决定的。

2021年10月31日，世界气象组织发布报告指出，2015—2021年成为有记录以来最热的7年；同时警告，创纪录的大气温室气体浓度和热量积累，已经将地球推向未知的领域。据报道，世界气象组织在第26届联合国气候变化大会发布的初步气候报告提到，温室气体排放导致的全球变暖恐为“当代和未来世代带来深远影响”。2021年11月3日，在英国格拉斯哥举行的第26届联合国气候变化大会上，来自45个国家的450多家金融公司承诺，将其管理下的130万亿美元资产用于实现《巴黎协定》气候变化目标。2021年11月13日，第26届联合国气候变化大会闭幕。大会达成决议文件，就《巴黎协定》实施细则达成共识。

▶▶ 碳达峰和碳中和

全球目前以“碳基能源”为主体，由此排放的二氧化碳等温室气体可导致全球升温。科学界目前有一个预测：如果按照过去 30 年的碳排放趋势，到 21 世纪末，全球平均升温将超过 3 摄氏度，将带来气候灾难甚至物种灭绝。气候变化已成为人类长期面临的最大威胁，欧盟部分成员国率先承诺到 2050 年实现碳中和，我国由此提出碳达峰和碳中和目标[41]。

碳达峰是指二氧化碳排放总量在某一个时间点达到历史峰值，这个时间点并非一个特定的时间点，而是一个平台期，其间碳排放总量依然会有波动，但总体趋于平缓，之后碳排放总量会逐渐稳步回落。碳中和是指人为排放量（化石燃料利用和土地利用）被人为作用（木材蓄积量、土壤有机碳、工程封存等）和自然过程（海洋吸收、侵蚀-沉积过程的碳埋藏、碱性土壤的固碳等）吸收，实现净零排放。“零排放”不是不排放，简言之，就是要想办法将原本会滞留在大气中的二氧化碳通过使用可再生能

源、可回收材料、提高能源效率，以及植树造林、碳捕捉等方式，减下来或吸收掉(图 27)。

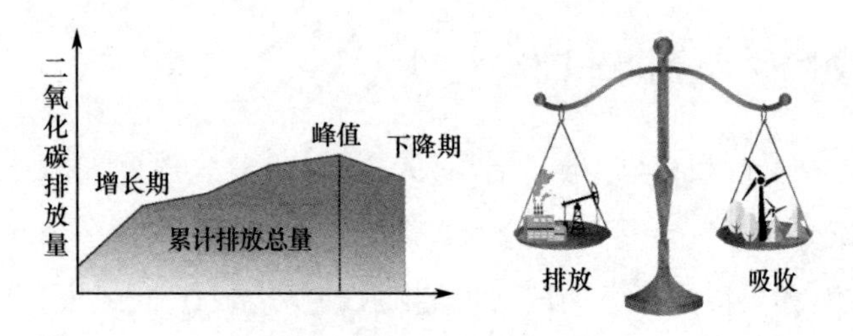

图 27 碳达峰和碳中和示意图

2020 年 9 月 22 日，国家主席习近平在第七十五届联合国大会一般性辩论上发表重要讲话指出，“中国将提高国家自主贡献力度，采取更加有力的政策和措施，二氧化碳排放力争于 2030 年前达到峰值，努力争取 2060 年前实现碳中和”。实现碳达峰、碳中和是一场广泛而深刻的经济社会系统性变革，其实现过程将会是经济社会的大转型，体现了构建人类命运共同体的中国担当和推进高质量发展的主动作为，中国承诺的碳达峰和碳中和是承担大国责任，这是雄心勃勃又极其艰难的战略目标。从主要发达国家的碳排放与经济增长的历史关系看，一个国家的发展程度同人均累计碳排放密切相关，就我国而言，人均累计碳排放远远低于主要发达国家，也小于全球平均排放，我们追求 2060 年达到碳中和，其难度远大于发达国家。

当前，世界各国碳排放处于不同阶段，大体可分为四个类型。英国、法国和美国等发达国家的排放在 20 世纪七八十年代就已经实现碳达峰，目前正处于达峰后的下降阶段；我国还处于产业结构调整升级和经济增长进入新常态的阶段，碳排放量逐步进入“平台期”；印度等新兴国家碳排放量还在上升；还有大量的发展中国家和农业国，伴随经济社会快速发展的碳排放尚未“启动”。

碳中和既是挑战又是机遇，将影响中国的产业布局、质量发展，甚至整个民族的生存空间，但其本质是能源竞争，即从美国主导的碳基能源切换到中国具有优势的硅基能源。对于我国来说，这既是可持续发展的必然选择，又是大国崛起的绝佳机会。

完成碳排放转型需要在能源供应、能源消费、人为固碳这三方面进行“三端发力”：第一端是能源供应端，尽可能用非碳能源替代化石能源发电、制氢，构建“新型电力系统或能源供应系统”；第二端是能源消费端，力争在居民生活、交通、工业、农业、建筑等绝大多数领域中，实现电力、氢能、地热、太阳能等非碳能源对化石能源消费的

替代；第三端是人为固碳端，通过生态建设、土壤固碳、碳捕集封存等组合工程去除不得不排放的二氧化碳。简言之，就是选择合适的技术手段实现“减碳、固碳”，逐步达到碳中和。

从地理上来看，中国地大物博，具备十分充足的自然资源。而且，经过政策扶持发展，中国的光伏、风能等新能源行业已处于全球领先水平，从技术到设备生产已经能够实现国产化，并且随着产业链的不断发展，近两年，中国的光伏发电价格已趋近火电，甚至比火电还要便宜。更重要的是，中国凭借全球第一的特高压技术，解决了新能源发电中的最大难题——弃电率。特高压技术可以解决自然资源分布不均的问题，从资源丰富的地区利用太阳能、风能、水能等发电，利用特高压将这些电运送出去，损耗只有1%左右，大大避免了能源浪费。特高压已经上升到了国家战略的高度，未来，它会让世界形成一张“网”，这张“网”一旦结成，就能把多余的电合理分配到世界的各个角落。此外，随着储能技术的不断进步，能源的利用效率也在逐渐提高。

碳中和战略将改变中国能源结构，降低对化石能源，尤其是石油能源的依赖。在碳达峰和碳中和的目标要求下，加快了我们对于新能源的发展和运用（例如光伏、水能、核能等），也由此降低中国对美元的依赖。

碳中和是一盘大棋，也拉开了一场重塑低碳经济规则国际竞争的序幕。煤炭时代成就了大英帝国，油气时代成就了美国，在碳中和的目标要求下，我国将加快对于新能源的发展和运用。习近平主席提出的生态文明，不仅是从环境和生态来谈气候变化，而且要从人类命运共同体的角度来看待生态文明建设。未来，气候变化将是全球所有国家面对的共同问题，碳中和问题是全社会、全人类面临的共同问题，这不仅需要国家重视，也需要我们每个人都重视，只有全人类团结起来，才能实现“碳中和”的目标[41]。

大气科学的应用与就业前景

纸上得来终觉浅，绝知此事要躬行。

——陆游

▶▶ 为什么要选择大气科学

我国著名的气象学家丑纪范院士认为，大气科学是一门有趣、有学、有为的学科，如图 28 所示。大气科学的主要研究对象是我们的地球、大气乃至整个自然界。我们常说“气象万千”，日常生活中每天都要面对各种各样的天气变化，以范仲淹的《岳阳楼记》为例，就有“朝晖夕阴，气象万千”“淫雨霏霏，连月不开”“阴风怒号，浊浪排空”“日星隐曜”“薄暮冥冥”“春和景明，波澜不惊”等种种对天气变化的精彩描述。我们对天气和气候的变化规律做出预测，并与实际的天气状况进行验证，验证预测对还是不对，不断地改进预测技术和方法，这样的事情是不是十分有趣？

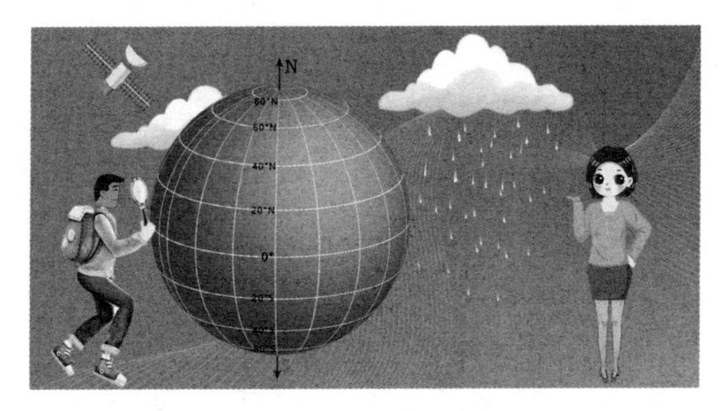

图 28　大气科学是一门有趣、有学、有为的学科

我们把包围地球的空气称作大气。大气的状态、变化和现象，如风、云、雨、雪、雾、雷电等，这些天气能否预测？到底是天有不测风云，还是风云可测？大气科学能够帮助我们回答这些问题。《三国演义》中诸葛亮神机妙算，算到了“草船借箭”的大雾，也算到了“火烧赤壁”的东风，但在上方谷火烧司马懿的时候却没有算到“天降大雨”。有人认为诸葛亮的神算是因为他对当地的气候和天气变化很熟悉，失算也是因为对上方谷并不熟悉造成的。也有人认为上方谷谷口狭窄，着火后谷底的空气遇热膨胀上升，到高空后遇冷凝结，同时火势蔓延产生了大

量的灰烬，恰好提供了理想的凝结核，所以才有了突降的大雨。这样看来，人类可以利用天气做事，人类活动也影响着天气变化。正因如此，人们渴望能准确预测天气，不再为天气和气候的变化莫测而伤神。

人类在科学技术上的一些大的进展都是与军事有关的。雷达在第二次世界大战期间立了大功。当时德国空军无论是质量上还是数量上都比英国皇家空军强太多了，但是英国人发明了雷达，德国军队的飞机一起飞，英国人就能在雷达上监测到，有了战争优势，英国最终打败了德国。但是之后大家发现了一个问题，雷达经常会受到一些气象因素的干扰，这时气象学家抓住了机会，很快就将雷达运用到气象上，用雷达来探测雨滴和云等，这也成就了近代气象学的快速发展。

电子计算机实际上也是在第二次世界大战中用来破译密码的重要工具。第二次世界大战之后在美国的一场记者会上，有记者问“计算机之父”冯·诺依曼，为什么要造一秒计算一万次的计算机呢？因为军事机密不能讲，冯·诺依曼就说要用来做数值天气预报。也的确是这样的，计算机造出来后，除了破译密码，很快就在天气预报中产生了不可估量的作用。后来的人造卫星也是军事用途，但转为民用时也用到了气象上。

随着人类社会经济和科技的飞跃发展，现在的大气科学早已不是研究单一的大气状态变化的学科，而发展为研究五个圈层（大气、海洋、冰雪、陆面和生物圈）组成的气候系统间相互联系、相互作用下产生的变化的学科。所以现代大气科学是建立在坚实的物理、数学基础上，运用超级电子计算机对大气现象进行模拟仿真和科学预测的学科，并且由于科学预测极富挑战性，学习它，十分有趣。

光有趣也不行，还要有学，要学大气科学，需要掌握卫星、雷达、全球定位系统（GPS）和运用超级计算机进行数值模拟等高新技术和近现代数学、物理、化学等知识。那么，究竟怎么研究呢？首先是进行观测，获取气象观测数据；获取数据后，最早利用无线电传输，然后进行手工填图，这样做速度很慢。现在我们国家的卫星综合应用业务系统把卫星和计算机结合起来，解决了信息的传输问题。计算机发展得很快，每一个气象台（站）的计算机都先把资料传到卫星上，用的时候从卫星上取，相当于一个系统把全国气象台（站）的计算机联网了，这样一来就形成了国家卫星综合应用业务系统。数值天气预报就是依托卫星资料，根据气象理论对大气未来变化的模拟，学习它，十分有学。

大气科学在减轻和防御气象灾害、应对气候变化和环境危机、开发和利用气候资源等方面都大有可为。旱灾、涝灾、台风、沙尘暴等气象灾害给我们的经济造成了巨大的损失，而且对于经济越发达的地方，灾害带来的损失就越大。所以大气科学既是基础学科，又是对国民经济发展有重大影响的应用学科，学习它，十分有为。

大气科学的学科发展历史表明，由于大气科学和其他基础科学及技术科学的关系密切，自然科学尤其是基础科学的重大理论突破和新技术的出现，对大气科学的发展有着很大的影响。现在，大气科学已发展成一门分支众多，且与地质学、海洋学、生态学等相关学科相互交叉和渗透的综合性学科，值得青年一代挖掘其更深的学科价值[42-44]。

▶▶ 大气科学的应用

说到大气科学的应用，耳熟能详的便是天气预报。天气预报关系到人们的日常生活，这也是我们身边的大气科学。事实上，天气预报只是大气科学理论应用的一部分，大气科学在维护国家利益、支撑防灾减灾、保障气象服务等方面有着重要意义，是为社会经济发展和民众生活服务的一门学科。

✣✣ 维护国家利益

气候变化问题是大气科学的科学家提出来的，但应对气候变化问题已不仅仅是科学问题，已成为一个国际政治问题，演变成不同国家或国家集团为各自利益而进行外交博弈的工具，当然各国必须面对如何构建低碳发展路线的问题。减少二氧化碳排放必须降低化石能源的使用，然而，根据一些专业机构的预测，人类在今后二三十年间，还将以化石能源为主。中国是一个发展中国家，正处在经济快速发展阶段，对中国而言，我们必须较为准确地预判高耗能行业的发展趋势和我国在节能方面的总体潜力，才有可能制定出一套切实可行的减排方案，最终形成国家的整体减排战略[45]。

面对温室气体排放和全球气候变暖这一人类历史上空前复杂和艰巨的问题，中国科学院在2009年特别设计了“应对气候变化国际谈判的关键科学问题研究”项目群[46]。该项目群旨在加强气候变化的影响研究，尤其是在应对气候变化的制度设计、政策选择、外交谈判等方面，以期多学科协同攻关，从维护国家利益的角度对国际

上已发表的减排方案和今后可能发表的新方案做出评估，并发表我们自己的排放配额分配方案。

✣✣ 支撑防灾减灾

大气科学与人类生存和社会经济发展有着密切关系。发生在大气中的各种现象，既可以造福人类，也可能给人类带来灾难。例如下雨，如果人们直观感觉是和风细雨，这样的雨对人们来说是好雨，唐代诗人杜甫用“好雨知时节，当春乃发生。随风潜入夜，润物细无声”的诗句描写的正是这种意境。但当人们直观感觉是一场来势凶猛的狂风暴雨时，这样的雨往往造成灾害，宋代诗人陆游用“风如拔山努，雨如决河倾”的诗句写出了狂风暴雨的态势。

气象灾害每年给全世界带来数百亿美元的经济损失，过去50年中，全球天气、气候，以及与水相关的灾害发生超过1.1万起，导致200万人丧生，经济损失达3.6万亿美元[46]。气象灾害一般包括天气灾害和气候灾害两类，天气灾害主要指台风、暴雨（雪）、寒潮、沙尘暴、高温、霜冻、雾霾、雷暴、大风、冰雹、龙卷风等。气候灾害是大范围、长时间的气候异常造成的灾害，如干旱、洪涝、低温冻害等。

在全球变暖的大背景下，各类自然灾害交织发生，其影响相互叠加，增加了防灾减灾和救灾工作的复杂性与艰巨性。例如，2021年7月20日发生在河南郑州的特大暴雨灾害，应急管理部的灾害调查报告指出，河南郑州“7·20”特大暴雨灾害是一场因极端暴雨导致城市严重内涝、河流洪水、山洪滑坡等多灾并发并造成重大人员伤亡和财产损失的特别重大自然灾害。灾害共造成河南省150个县(市、区)1 478.6万人受灾，因灾死亡失踪398人，其中郑州市380人。直接经济损失达1 200.6亿元，其中郑州市409亿元[47]。气象灾害造成的人员伤亡和经济损失如此之大，研究灾害的发生及成因，特别是气象灾害的形成机理和预测方法，是当前国际大气科学研究的热点课题，更是我国社会发展和经济建设中急需研究的一项重要的科学问题，可助力实现“注重灾后救助向注重灾前预防转变”，为政府决策提供科学支撑。

✣✣ 保障气象服务

大气总是按它自己的规律日夜不停地运动着，并不理会人们对它的期望，还时不时给人们的生活制造一些麻烦。

2008年北京奥运会开幕式在国家体育场鸟巢举行，

最初，奥运会的开幕式定在7月25日。但是气象部门向北京奥组委建议，7月下旬至8月上旬北京地区高温多雨，而且雷暴天气也多，8月8日立秋后天气逐渐转凉，灾害性天气出现频率减少。2003年7月，国际奥委会批准把开幕日调整到8月8日。万全准备只为那一刻的美丽绽放，然而，2008年8月8日，北京天气形势复杂，预报开幕式期间将有阵雨或雷阵雨。2008年8月8日16时，北京市人工影响天气指挥中心开始组织火箭从西线拦截降雨云系，20时，降雨云系开始从东北和西南影响北京郊区，并继续向城区“合围”，20时40分，海淀部分地区开始下雨，降雨云系迅速向鸟巢逼近，情况十分紧急。21时，南北两块雷达回波即将连接，预示着南北两侧云系即将在鸟巢汇合，人工影响天气指挥中心迅速组织作业，成功阻止了云系的合并，并使云系减弱。又一轮消雨作业完毕后，雷达显示回波正在减弱，气象专家判断，开幕式结束前，鸟巢将不会下雨。直到开幕式结束，鸟巢滴雨未下。在整个过程中，有680多人进行了20轮人工消雨拦截作业。人努力，天帮忙，通过这场全世界广泛参与的盛会，大气人向世界展示了我国的气象科技水平。

总之，大气科学的应用已经渗透到人们生活的方方面面，如交通气象、医疗气象、军事气象、防灾减灾、水文气象、环境保护、能源气象和旅游气象等(图 29),涉及社会生产的各行各业,如工业、农业、渔业生产,以及海、陆、空交通运输业等。大气科学研究的目标就是要合理利用大气资源,趋利避害,为国计民生服务[42-44]。

图 29　大气科学的应用

▶▶ 国内开设大气科学学科的相关院校

目前,国内开设大气科学学科的院校相对较少,开设

大气科学专业的本科院校一共16所，开设应用气象学专业的院校一共12所，由于气象技术与工程是2020年新增的专业，所以开设此专业的学校现在只有2所，分别是南京信息工程大学和国防科技大学（表3）。在普通高等学校本科专业目录中，大气科学为一级学科，学制四年，授予理学学士学位。

开设大气科学学科的本科院校以及专业设置见表3。

表3　开设大气科学学科的本科院校以及专业设置

专业设置	院校名称	省份/城市
大气科学 应用气象学 气象技术与工程 （三个专业）	南京信息工程大学	江苏/南京
	国防科技大学	湖南/长沙
大气科学 应用气象学 （两个专业）	南京大学	江苏/南京
	兰州大学	甘肃/兰州
	中山大学	广东/广州
	成都信息工程大学	四川/成都
	沈阳农业大学	辽宁/沈阳
	广东海洋大学	广东/湛江

（续表）

专业设置	院校名称	省份/城市
大气科学（一个专业）	北京大学	北京
	中国科学技术大学	安徽/合肥
	中国海洋大学	山东/青岛
	浙江大学	浙江/杭州
	云南大学	云南/昆明
	中国地质大学（武汉）	湖北/武汉
	内蒙古大学	内蒙古/呼和浩特
	无锡学院	江苏/无锡
应用气象学（一个专业）	中国农业大学	北京
	东北农业大学	黑龙江/哈尔滨
	中国民航大学	天津
	中国民用航空飞行学院	四川/广汉

在多所高校中具有大气科学一级学科博士学位授权点的是南京信息工程大学、北京大学、南京大学、兰州大学、国防科技大学、复旦大学、中国海洋大学、中国科学院大学、中山大学。以下简单介绍南京信息工程大学等四所高校的大气科学院系。

南京信息工程大学，是一所以大气科学为特色的全

国重点大学，是国家“双一流”建设高校。该校始建于1960年，原隶属中央（军委）气象局，前身为南京大学气象学院，1963年独立建校为南京气象学院，1978年被列入全国重点大学，2004年更名为南京信息工程大学。现为以江苏省管理为主的中央与地方共建高校。2017年，该校大气科学入选国家“双一流”学科建设名单。2022年入选第二轮国家“双一流”学科建设名单。

南京大学是我国现代气象教育的发祥地。1924年，“国立东南大学”地学系设立地质、气象、地理三个组，其中气象组成为我国最早的气象学专业；1944年，气象组从地理学系分出，成立“国立中央大学”气象系，是我国第一个气象学系。1949年“国立中央大学”更名为“国立南京大学”，涂长望任气象学系主任。1986年气象学系更名为大气科学系，并设立大气环境专业；2008年成立大气科学学院。2017年，该校大气科学入选国家“双一流”学科建设名单。2022年入选第二轮国家“双一流”学科建设名单。

兰州大学是教育部直属全国重点综合性大学，大气科学学院始于1958年成立的气象学教研组。1987年兰州大学成立大气科学系，2004年6月，兰州大学根据国家气象事业发展的需要，为推动大气科学学科快速发展，成立我国高校第一个大气科学学院。2017 年，该校大气科学入选国家“双一流”学科建设名单。2022 年入选第二轮国家“双一流”学科建设名单。

国防科技大学气象海洋学院由原国防科技大学海洋科学与工程研究院和原解放军理工大学气象海洋学院合并组建，是国家和军队气象海洋领域人才培养的主要基地和摇篮。学院设有大气科学一级学科博士后科研流动站。

大气科学学科在课程方面主要学习大气科学方面的基本理论知识，以数学、物理、地理等相关知识为基础进行理论分析，应用计算机进行数据处理。学生通过系统的专业学习能够具备较扎实的理论基础和实际应用能力。下面分别介绍大气科学学科的三个专业。

✣✣ 大气科学

大气科学专业学生主要学习大气科学概论（地球科学概论）、大气物理学、大气探测学、天气学、大气动力学基础、近代气候学基础等基础知识，进行野外实习和室内科学实验的训练，掌握进行大气探测的技术和分析的方法。该专业力求通过理论学习和科学实验，使学生具有良好的科学素养，具备理论分析、数据处理和计算机应用的基本技能，具有较强的知识更新能力和较广泛的科学实验能力。

✣✣ 应用气象学

应用气象学是将大气科学中的原理、方法和成果应用于农业、水文、航海、航空、军事、医疗等方面，同各个专业学科相结合而形成的学科。该专业学生主要学习应用气象学基本理论，掌握气象信息服务系统的研制与运用、气候资源开发与利用、产业工程的使用、气象技术研究、气象防灾减灾对策与技术研究、生态环境调控以及解决气象学在有关领域中应用问题的基本能力，在此之中，需具有扎实的基础知识，掌握遥感数据处理与应用技术、资源环境评价方法，具有理论联系实际，综合分析问题、解决问题的能力。应用气象学专业是大气科学研究和服务国民经济建设的重要学科。

✣✣ 气象技术与工程

气象技术与工程专业培养具备气象信息服务系统应用、气象资源开发与利用、气象技术应用和气象防灾减灾技术应用等基本能力的高级技术应用型专业人才。

气象技术与工程专业是教育部 2020 年度普通高等学校审批通过的新增专业，为全国首个可以授予工学学位的大气科学类本科专业，也是我国第一个以气象探测技术及气象数据工程为特色的本科专业。该专业通过将现代物理学、人工智能、大数据等新兴技术融入传统气象科学领域，其专业内涵包括气象探测技术与装备工程、气象信息与信号处理、气象数据应用与大数据工程、气象产品开发与服务工程等方面。该专业培养的气象领域新工科高级专业人才将掌握现代化地面观测系统、多波段的天气雷达系统、卫星数据处理分析系统等全方位的探测原理与技术，具备探测系统开发能力，具备扎实的大规模组网数据处理与同化方面的专业知识，同时具备将气象技能应用于社会服务各个方面的能力。

▶▶ 国外开设大气科学学科的相关院校

在国外，大气科学专业的学生需要学习数学、物理、化学等基础课程，尤其是数学课程，这是该专业的最低要求。在本科学习的前两年，每一个学期都有数学课程，同时有两个学期的物理课程以及两个学期的化学课程。在某些大学中，学生在一开始的前几个学期会接触到少量的气象学课程，但在大多数学校的大气科学专业中，学生直到完成所有的数学和科学课程之后，才会接触到气象学的专业课程。在本科的后两年学习中，大气科学专业

的学生要学会应用数学、物理、化学等知识来解决气象中的部分问题。

尽管许多大气科学学科的课程是以课堂教授的形式进行的,但也有不少课程涉及实验室项目。与其他科学类及工程类学科相似,大气科学学科的实验课程每周大约有20个小时。在学习初期,很多学生也许并不适应大量的数学和化学课程,尤其是那些数理基础较为薄弱的学生。但所有学生面临的最大困难也许是基于计算的物理课程。如果一旦对这些基础课程有了一定的掌握,大多数学生能够顺利地通过之后的气象学类课程学习。部分学校的大气科学专业课程侧重于天气研究及天气预报,部分学校的课程侧重于对大气系统的研究,因此在研究生阶段,需要根据自己的兴趣来选择不同侧重的大学。

大气科学学科比较偏科研,美国大概有50个大学开设了相关硕士或博士点:一般开设在自然科学学院或地球科学学院,也有的开设在环境工程学院,如华盛顿大学(University of Washington);有的开设在地理系,是地理学学位点的一个分支,如俄亥俄州立大学(The Ohio State University);有的开设在工学院,如密歇根大学(University of Michigan);有的开设在物理学院,如加利福尼亚大学(University of California)。

在国外学校中大气科学学科的分支学科与国内大部分学校类似,但也有国外学校自己的特色。例如,在宾夕法尼亚州立大学(The Pennsylvania State University),大气科学的课程设置主要有大气化学和污染、大气边界层和湍流、大气动力学、气候科学、云物理和辐射、中尺度气象和恶劣天气、数值模拟和数据同化、海洋学遥感、天气气象学、热带气象学和飓风、天气风险等。

以国外三所开设大气科学学科的大学为例,如图 30 所示,下面将做具体介绍。

图 30　国外三所开设大气科学学科的大学

✣✣ 美国华盛顿大学(University of Washington)

专业:A. 气候科学与政策(理学学士);B. 大气科学(理学硕士);C. 大气科学一气候学(理学学士);D. 大气科

学一气象学(理学学士)。

主要课程:气候学、大气热力学、观察和测量、气象通信、天气分析和预报、大气动力学、中尺度气象学、微气象学、热带气象学、雷达气象学、遥感系统、雨水水文学、大气边界层、生物圈和碳循环等。

✣✣ 英国雷丁大学(University of Reading)

专业:应用气象学,硕士学位,学制1年。

在雷丁大学攻读应用气象学硕士学位课程,主要为掌握预测、天气分析和统计学方面的技能,学生将加入一个以在天气和气候科学各个方面国际领先的研究而闻名的气象协会——英国皇家气象协会(IPCC)。由于该校硕士生导师与学生比例约为1∶1,所以基本为小班教学,每周会进行一次天气和气候组会讨论,其中包含他们自己的实时气象数据,学生也可以在自己的工作中使用这些数据,并与学校的合作伙伴一起开展研究项目。

主要课程:大气物理学、运行预测系统和应用程序、恶劣天气、测量和仪器、体验天气场等。

✣✣ 日本东京大学

专业:地球与海洋科学。

申请要求：要求学生外国教育满16年，得到教授同意再递交材料。对日语和英语无明确分数规定，但是建议理工科类学生日语专业考试过2级，英语托福95分以上。

▶▶ 大气科学毕业生的就业前景

大气科学是自然科学的重要组成部分，它的研究对于国民经济及社会的各个方面都有着非常重要的战略意义，国家对这一领域高层次人才的需求是非常强烈的。国内开设大气科学学科的院校均为重点大学，因此该学科学生在考研率和就业率方面排名较为靠前，据统计，95%以上的大气科学学科毕业生都能顺利就业。基本就业方向有以下五个(图31)：

(1)大约1/3的毕业生在以气象局为主的事业单位就职。在气象局，毕业生一般从事天气预报和气候预测业务，以及与大气科学相关的一些业务，也可以做相关的行政管理工作，省级气象局和国家级气象局设有研究所(院)，可从事大气科学研究，工作性质较稳定。基层气象局相对更缺少人才。每年11月中旬各气象局在各个学校进行招聘。

图31　大气科学学科的就业方向

(2)海洋局、海洋研究所、空管局也是一个就业方向。一部分毕业生进入机场、航空公司,这些单位人员缺口比较大,待遇也相当优厚。

(3)还有部分毕业生会进入部队,主要是中国人民解放军空军和航天部队。在2017年国防生停止招生之前,大气科学是国防生招生的主要学科。在这之后,大气科学学科毕业生也可以通过应聘做部队的文职干部,进入部队工作。

(4)还有一部分毕业生出国深造或者转专业就业。出国攻读硕士和博士学位期间,特别优秀的博士可以进入国内外高校任教，从事相关的科研工作，不过这种比例较低。一般毕业生因具有境外学习和工作经历，回国后都有比较好的发展前途。

(5)还有一部分毕业生进入外资企业，这些企业需求相对具有个性化，比如在菲尼克斯电气中国公司做防雷工作，这也属于气象范畴。

总之，气象系统、民航、部队是招聘大气科学毕业生的主力，毕业生就业选择面非常广。各高校每年都有中国气象系统招聘会，在 2019 年国家公务员考试职位表中，大气科学类专业可报考的职位共有 399 个。除此以外，交通部东海救助队、中国辐射防护研究院、水利水电勘察设计院、机场及空管局等部门都会到校招聘。大气科学类专业的专业性强，本科所学基本可以应用到实际工作当中，部分地区对学历要求较低而且人才紧缺，有意愿在这些地区就业的学生，本科毕业以后可以尝试考取。但近几年招聘气象本科生的单位多是县级气象部门，省市级气象部门大多要求获得硕士学位。

作为理学类专业，对大气科学专业领域有潜力、有兴趣、有志向的学生，如果想要继续深造的话，国家对这一领域高层次人才的需求还是非常强烈的。初始职位为助

理研究员，在这段时间内工作稳定、收入较高，社会地位高，有实现较高人才价值的潜力，但要求耐得住寂寞。准备从事此类职业的学生一定要有较为长期的学业规划，只有坚持不懈地从大学本科一直读到博士，才可获得较好的发展平台，最终成为一名优秀的大气科学科研工作者。

不知道大家有没有注意过近几年《天气预报》的变化，短短几分钟的节目中，格式化的语言逐渐被人性化的讲解替代，现代科技手段的运用也越来越多，太阳会笑，云彩会摆动小手……所以，年轻人一定要知道的是：我们正处在一个飞速变化的时代，唯一不变的是不断变化。专业选择和学习只是初始的框架，重要的是自己对未来职业和人生的规划。

参考文献

[1] 盛裴轩，毛节泰，李建国，等. 大气物理学[M]. 北京：北京大学出版社，2003.

[2] 吴树森，刘晶，徐艳华，等. 基于漠河地区 55a 目测极光特征分析[J]. 黑龙江气象，2016，33(01)：40-42.

[3] 曹冲. 极光的故事[M]. 北京：海洋出版社，1989.

[4] 王赛时. 中国古代对海市蜃楼的记载与探索[J]. 中国科技史料，1988(04)：64-68.

[5] 康良溪. 彩虹的气象物理原理[J]. 现代物理知识，2004(03)：58-59.

[6] 王鹏飞. 峨眉宝光研究之一——宝光机理的综合研究[J]. 南京气象学院学报，2002(02)：180-185.

[7] 赵广娜,吴岩,关铭,等.暴风雪天气等级研究[J].标准科学,2019(05):122-126.

[8] 全国气象防灾减灾标准化技术委员会.暴风雪天气等级:GB/T 34298—2017 [S].北京:中国标准出版社,2017.

[9] 李秀芬,朱教君,贾燕,等.2007年辽宁省特大暴风雪形成过程与危害[J].生态学杂志,2007(08):1250-1258.

[10] 王棠.国外各具特色的抗击暴风雪方法[J].生命与灾害,2011(01):10-14.

[11] 中国气象局政策法规司.热带气旋等级:GB/T 19201—2006[S].北京:中国标准出版社,2006.

[12] 郭亚娜.南海和西北太平洋热带气旋的命名及除名[J].农技服务,2011,28(03):371-372.

[13] 金占勇,田亚鹏,张洋.突发灾害事件网络舆情特征分析——以6·23盐城龙卷风事件为例[J].吉首大学学报(社会科学版),2018,39(S2):72-78.

[14] 龙卷风的危害与避险[J].中国安全生产,2021,16(07):62-63.

[15] 王鹏飞."赤壁之战"及其雾况风况的探源[J].陕西气象,1994(04):46-48.

[16] 朱乾根,林锦瑞,寿绍文,等.天气学原理和方法[M].北京:气象出版社,2000.

[17] 俞风流.气象对登陆作战的影响——从诺曼底登陆气象保障谈开去[J].当代海军,2005(04):54-56.

[18] 孙继功.气象保障与组织指挥——诺曼底登陆战役一瞥[J].军事历史,1985(01):47-49.

[19] 钱诚,严中伟,符淙斌.1960～2008年中国二十四节气气候变化[J].科学通报,2011,56(35):3011-3020.

[20] 衣霞,贾斌,杨士恩,等.一句天气谚语的列联表验证[J].安徽农业科学,2007(32):10432.

[21] 王焱,陈希玲.一条天气谚语的验证——春风与秋雨的关系[J].山东气象,1998(03):47.

[22] 姚亚庆.1950～2015年我国农业气象灾害时空特征研究[D].西北农林科技大学,2016.

[23] 赵琳娜,马清云,杨贵名,等.2008年初我国低温雨雪冰冻对重点行业的影响及致灾成因分析[J].气候与环境研究,2008(04):556-566.

[24] 雷小途.中国台风科研业务百年发展历程概述[J].中国科学:地球科学,2020,50(03):321-338.

[25] 政府间气候变化专门委员会.气候变化 2021:自然科学基础[EB/OL].(2021-08-09)[2022-05-12].

[26] 许小峰.人工影响天气的历史脉络及法规公约、检验评估等问题[J].气象科技进展,2021,11(05):2-7.

[27] 张文煜,袁九毅.大气探测学原理与方法[M].北京:气象出版社,2007.

[28] 浦一芬.大气科学研究方法[M].北京:科学出版社,2015.

[29] 黄荣辉.大气科学概论[M].北京:气象出版社,2007.

[30] 宋连春,李伟.综合气象观测系统的发展[J].气象,2008,34(3):3-9.

[31] 王晓峰,陈葆德,江勤,等.飞机观测资料在航空数值天气预报中的应用技术研究[J].中国科技成果,2019(6):2.

[32] 陈渭民.气象卫星遥感[M].北京:气象出版社,2005.

[33] 陶诗言,赵思雄,周晓平.天气学和天气预报的研究进展[J].大气科学,2003,27(4):17.

[34] 中央气象台.天气预报方法与业务系统研究文集[M].北京:气象出版社,2002.

[35] 章基嘉,葛玲.中长期天气预报基础[M].北京:气象出版社,1983.

[36] 王绍武,赵宗慈,龚道溢,等.现代气候学概论[M].北京:气象出版社,2005.

[37] 黄建平.物理气候学[M].北京:气象出版社,2018.

[38] 竺可桢.中国近五千年来气候变迁的初步研究[J].中国科学,1973(02):168-189.

[39] 黄春长.环境变迁[M].北京:科学出版社,1998.

[40] 施雅风,张丕远,孔昭宸,等.中国历史时期气候变化研究[M].济南:山东科技出版社,1996.

[41] 中国工程院.我国碳达峰碳中和战略及路径[EB/OL].(2022-03-31)[2022-05-12].

[42] 丑纪范.长期数值天气预报[M].北京:气象出版社,1986.

[43] 王绍武. 现代气候学概论[M]. 北京:气象出版社，2005.

[44] 秦大河. 气候变化科学概论[M]. 北京:科学出版社,2018.

[45] 丁仲礼,傅伯杰,韩兴国,等. 中国科学院“应对气候变化国际谈判的关键科学问题”项目群简介[J]. 中国科学院院刊,2009,24(01):8-17.

[46] 世界气象组织. 2020 年全球气候状况报告[EB/OL]. (2021-04-19)[2022-05-12].

[47] 中华人民共和国应急管理部. 河南郑州“7・20”特大暴雨灾害调查报告[EB/OL]. (2022-01-21)[2022-05-12].

“走进大学”丛书书目

书名	作者	简介
什么是地质？	殷长春	吉林大学地球探测科学与技术学院教授（作序）
	曾　勇	中国矿业大学资源与地球科学学院教授 首届国家级普通高校教学名师
	刘志新	中国矿业大学资源与地球科学学院副院长、教授
什么是物理学？	孙　平	山东师范大学物理与电子科学学院教授
	李　健	山东师范大学物理与电子科学学院教授
什么是化学？	陶胜洋	大连理工大学化工学院副院长、教授
	王玉超	大连理工大学化工学院副教授
	张利静	大连理工大学化工学院副教授
什么是数学？	梁　进	同济大学数学科学学院教授
什么是大气科学？	黄建平	中国科学院院士 国家杰出青年基金获得者
	刘玉芝	兰州大学大气科学学院教授
	张国龙	兰州大学西部生态安全协同创新中心工程师
什么是生物科学？	赵　帅	广西大学亚热带农业生物资源保护与利用国家重点实验室副研究员
	赵心清	上海交通大学微生物代谢国家重点实验室教授
	冯家勋	广西大学亚热带农业生物资源保护与利用国家重点实验室二级教授
什么是地理学？	段玉山	华东师范大学地理科学学院教授
	张佳琦	华东师范大学地理科学学院讲师
什么是机械？	邓宗全	中国工程院院士 哈尔滨工业大学机电工程学院教授（作序）
	王德伦	大连理工大学机械工程学院教授 全国机械原理教学研究会理事长
什么是材料？	赵　杰	大连理工大学材料科学与工程学院教授

什么是自动化？ **王　伟**　大连理工大学控制科学与工程学院教授
国家杰出青年科学基金获得者（主审）
王宏伟　大连理工大学控制科学与工程学院教授
王　东　大连理工大学控制科学与工程学院教授
夏　浩　大连理工大学控制科学与工程学院院长、教授

什么是计算机？ **嵩　天**　北京理工大学网络空间安全学院副院长、教授

什么是土木工程？
李宏男　大连理工大学土木工程学院教授
国家杰出青年科学基金获得者

什么是水利？ **张　弛**　大连理工大学建设工程学部部长、教授
国家杰出青年科学基金获得者

什么是化学工程？
贺高红　大连理工大学化工学院教授
国家杰出青年科学基金获得者
李祥村　大连理工大学化工学院副教授

什么是矿业？ **万志军**　中国矿业大学矿业工程学院副院长、教授
入选教育部"新世纪优秀人才支持计划"

什么是纺织？ **伏广伟**　中国纺织工程学会理事长（作序）
郑来久　大连工业大学纺织与材料工程学院二级教授

什么是轻工？ **石　碧**　中国工程院院士
四川大学轻纺与食品学院教授（作序）
平清伟　大连工业大学轻工与化学工程学院教授

什么是交通运输？
赵胜川　大连理工大学交通运输学院教授
日本东京大学工学部 Fellow

什么是海洋工程？
柳淑学　大连理工大学水利工程学院研究员
入选教育部"新世纪优秀人才支持计划"
李金宣　大连理工大学水利工程学院副教授

什么是航空航天？
万志强　北京航空航天大学航空科学与工程学院副院长、教授
杨　超　北京航空航天大学航空科学与工程学院教授
入选教育部"新世纪优秀人才支持计划"

什么是食品科学与工程？
朱蓓薇　中国工程院院士
大连工业大学食品学院教授

书名	作者	简介
什么是生物医学工程?	万遂人	东南大学生物科学与医学工程学院教授 中国生物医学工程学会副理事长(作序)
	邱天爽	大连理工大学生物医学工程学院教授
	刘　蓉	大连理工大学生物医学工程学院副教授
	齐莉萍	大连理工大学生物医学工程学院副教授
什么是建筑?	齐　康	中国科学院院士 东南大学建筑研究所所长、教授(作序)
	唐　建	大连理工大学建筑与艺术学院院长、教授
什么是生物工程?	贾凌云	大连理工大学生物工程学院院长、教授 入选教育部“新世纪优秀人才支持计划”
	袁文杰	大连理工大学生物工程学院副院长、副教授
什么是哲学?	林德宏	南京大学哲学系教授 南京大学人文社会科学荣誉资深教授
	刘　鹏	南京大学哲学系副主任、副教授
什么是经济学?	原毅军	大连理工大学经济管理学院教授
什么是社会学?	张建明	中国人民大学党委原常务副书记、教授(作序)
	陈劲松	中国人民大学社会与人口学院教授
	仲婧然	中国人民大学社会与人口学院博士研究生
	陈含章	中国人民大学社会与人口学院硕士研究生
什么是民族学?	南文渊	大连民族大学东北少数民族研究院教授
什么是公安学?	靳高风	中国人民公安大学犯罪学学院院长、教授
	李姝音	中国人民公安大学犯罪学学院副教授
什么是法学?	陈柏峰	中南财经政法大学法学院院长、教授 第九届“全国杰出青年法学家”
什么是教育学?	孙阳春	大连理工大学高等教育研究院教授
	林　杰	大连理工大学高等教育研究院副教授
什么是体育学?	于素梅	中国教育科学研究院体卫艺教育研究所副所长、研究员
	王昌友	怀化学院体育与健康学院副教授
什么是心理学?	李　焰	清华大学学生心理发展指导中心主任、教授(主审)
	于　晶	曾任辽宁师范大学教育学院教授
什么是中国语言文学?	赵小琪	广东培正学院人文学院特聘教授 武汉大学文学院教授
	谭元亨	华南理工大学新闻与传播学院二级教授
什么是历史学?	张耕华	华东师范大学历史学系教授

什么是林学？ 张凌云 北京林业大学林学院教授
张新娜 北京林业大学林学院讲师
什么是动物医学？陈启军 沈阳农业大学校长、教授
国家杰出青年科学基金获得者
“新世纪百千万人才工程”国家级人选
高维凡 曾任沈阳农业大学动物科学与医学学院副教授
吴长德 沈阳农业大学动物科学与医学学院教授
姜 宁 沈阳农业大学动物科学与医学学院教授
什么是农学？ 陈温福 中国工程院院士
沈阳农业大学农学院教授（主审）
于海秋 沈阳农业大学农学院院长、教授
周宇飞 沈阳农业大学农学院副教授
徐正进 沈阳农业大学农学院教授
什么是医学？ 任守双 哈尔滨医科大学马克思主义学院教授
什么是中医学？贾春华 北京中医药大学中医学院教授
李 湛 北京中医药大学岐黄国医班（九年制）博士研究生
什么是公共卫生与预防医学？
刘剑君 中国疾病预防控制中心副主任、研究生院执行院长
刘 珏 北京大学公共卫生学院研究员
么鸿雁 中国疾病预防控制中心研究员
张 晖 全国科学技术名词审定委员会事务中心副主任
什么是护理学？姜安丽 海军军医大学护理学院教授
周兰姝 海军军医大学护理学院教授
刘 霖 海军军医大学护理学院副教授
什么是管理学？齐丽云 大连理工大学经济管理学院副教授
汪克夷 大连理工大学经济管理学院教授
什么是图书情报与档案管理？
李 刚 南京大学信息管理学院教授
什么是电子商务？李 琪 西安交通大学电子商务专业教授
彭丽芳 厦门大学管理学院教授
什么是工业工程？郑 力 清华大学副校长、教授（作序）
周德群 南京航空航天大学经济与管理学院院长、教授
欧阳林寒 南京航空航天大学经济与管理学院副教授
什么是艺术学？梁 玖 北京师范大学艺术与传媒学院教授
什么是戏剧与影视学？
梁振华 北京师范大学文学院教授、影视编剧、制片人